Björn Nehrhoff von Holderberg

DEUTSCHE WÄLDER

ENTDECKE DIE 162 MAGISCHSTEN WÄLDER VON DER KÜSTE BIS ZU DEN ALPEN

HAFFMANS TOLKEMITT

Symbiose aus Fels und Wald in der Sächsischen Schweiz

Inhalt

Ein Laubmischwald im Erzgebirge aus der Vogelperspektive

Vorwort

Burg Trifels im Pfälze

Der deutsche Wald. Einst ein riesiger Urwald. Dann Schlachtfeld für Römer und Germanen. Jagdgelegenheit für Kaiser und Despoten. Handlungsort in den Märchen der Gebrüder Grimm. Waldweide für die Schafe und Ziegen armer Bauern. Geplündert für den Holzbedarf von Bergwerken und Salzsiedereien und die Feuerstelle am heimischen Herd. Sein Holz wurde von Tischlern, Dachdeckern, Drechslern und Fassbindern genutzt. Er wurde mit Monokulturen aufgeforstet, war Projektionsfläche für die Phantasmen nationalsozialistischer Propaganda. Er ist Leidtragender des Klimawandels, aber neuerdings auch begehrt als Alibi-Kohlenstoffspeicher, ikonisiert und verteidigt von Umweltbewegungen. Einem Heer von Freizeitansprüchen ausgesetzt, von Spaziergängern, Joggern, Reitern, Jägern, Mountainbikern, Campern, Waldbadern, Kindergartengruppen, Pilzsuchern, Sondengängern.

All diese Punkte sind nur ein ganz kleiner Auszug dessen, wie und warum schon immer von allen Seiten am Wald gezerrt wurde. Gerade in den letzten Jahren wurde deutlich, dass Umweltbelastungen und menschliche Nutzung die natürliche Leistungsfähigkeit des Waldes überlasten. Das zeigen auch die großflächigen Waldschäden und aufkommenden Schadholzmassen, besonders in den rein wirtschaftlich ausgerichteten Forstflächen. Demgegenüber steht natürlich, dass unser Wald immer noch vornehmlich Lebensort Zehntausender Pflanzen-, Pilz- und Tierarten ist. Sie können nirgendwo anders hin ausweichen.

Deutschland ist mit einem Waldanteil von einem Drittel seiner Gesamtfläche das waldreichste Land Mitteleuropas und bietet auf ca. 11 Millionen Hektar mit geschätzt 90 Milliarden Einzelbäumen eine außerordentliche Vielfalt an Waldgesellschaften. Alte Buchenwälder an der Steilkante der Kreideküste gehören ebenso dazu wie hünenhafte Tannenriesen auf den Hängen des Bayerischen Waldes. Das rühmenswerte Blau der Hasenglöckchen im Unterholz der Rurwälder und die Bärlauchblüte im Hainich bieten überwältigende florale Eindrücke. Achtunggebietende Eichenveteranen an den Hängen des Spessarts sorgen ebenso

Spielgelsee im Erzgebirge

für wilde Waldszenen wie die bizarren Formen der Kiefern auf den Felsenspitzen in der Sächsischen Schweiz.

Mit dem Blick auf das Besondere und Schöne habe ich auf der Suche nach den wildesten und natürlichsten Wäldern Deutschlands Tausende Kilometer zu Fuß, mit dem Fahrrad und natürlich auch mit dem Auto während verschiedener Jahreszeiten zurückgelegt. Alle Wälder, die ich hier beschreibe, habe ich mindestens einmal, mitunter auch drei- bis viermal aufgesucht und fotografiert. Von der Küste über die Mittelgebirge bis zu den Alpen sind dabei verschiedenste Waldgesellschaften in den Fokus gerückt. Bei der Auswahl der Wälder habe ich das Hauptaugenmerk darauf gelegt, wie natürlich ihr Zustand ist, aber auch auf ihre besondere Lage an Berghängen, in Schluchten oder an Seeufern. Wichtig war auch, was es dort neben dem reinen Wald ebenfalls zu entdecken gibt, zum Beispiel Burgruinen oder Felsenlabyrinthe. Auch die rar gewordenen historischen Waldbewirtschaftungsformen des Mittelalters waren ein Garant für außergewöhnliche Walderlebnisse und ein gutes Kriterium, es in die Auswahl dieses Buches zu schaffen. Natürlich wurde auch auf eine geografische Verteilung geachtet, sodass manches im Vergleich winzig wirkende Waldstück in Relation zu großen Waldlebensräumen wie zum Beispiel dem Schwarzwald mehr Lorbeeren bekommt, als ihm der reinen Größe nach zukommen würde. Insgesamt hat sich so ein buntes Sammelsurium von bekannten und unbekannten Wäldern ergeben, die allesamt gemein haben, dass ihr Besuch eine besondere Freude für den Naturliebhaber ist. Natürlich sind die Auswahlkriterien rein subjektiv, und das Buch wäre ohne Mühe um 150 Wälder zu erweitern. Das zeigt vielleicht, wie viele wirklich schöne und wilde Wälder es doch noch in unserem Land gibt. Die Zuordnung von großräumigen Waldgebieten wie dem Harz oder der Rhön zu den jeweiligen Kapiteln erwies sich mitunter als diffizil, weil sie sich über mehrere politische Bundesländergrenzen erstrecken. So landete zum Beispiel der Harz im Kapitel Nordwesten, obwohl er auch in Teilen zum Osten gehört. Es soll damit keinerlei Aussage getroffen werden – außer jener der Kapitelgliederung.

Kaufunger Wald

Ich hoffe, mit diesem Buch einen kleinen Beitrag zu leisten, das Bewusstsein für eine naturnahe Waldwirtschaft zu fördern, und die Liebe zum Wald zu stärken, denn er ist ein großer Teil unserer Lebensgrundlage.

Unterwegs im Wald

Naturverbundene Menschen lieben es, im Wald zu sein. Und das Bundeswaldgesetz besagt ausdrücklich, dass das Betreten des Waldes zum Zweck der Erholung gestattet ist. Das deutsche Waldbetretungsrecht gilt als eines der großzügigsten in Europa. Ländergesetze haben allerdings die Möglichkeit, aus wichtigem Grund wie zum Beispiel der Wald- oder Wildbewirtschaftung, Naturschutz und schutzwürdiger Interessen des Waldbesitzers das Betreten einzuschränken.

Gut zu wissen

- → Die Benutzung des Waldes geschieht grundsätzlich auf eigene Gefahr. Gerade im Zuge einer kommenden Umstellung der Forstwirtschaft auf naturnähere Wälder ist häufiger mit herabfallenden Ästen und umstürzenden Bäumen zu rechnen.
- → Während Sturmereignissen und kurz danach ist es daher besser, den Wald zu meiden.
- → Natürlich sollte man auch Waldarbeitern und Forstmaschinen bei der Arbeit nicht zu nah kommen.
- → Das Radfahren und das Reiten im Wald sind nur auf Straßen und Wegen gestattet.
- → Jagen und Angeln sind genehmigungspflichtig.
- → Hundebesitzer müssen ihre Hunde anleinen.
- → Das Fahren und Abstellen von Kraftfahrzeugen im Wald ist ebenfalls nicht gestattet.
- → Rauchen ist meistens strikt verboten ebenso wie das Zelten.

Mammutbäume im Leonorenwald Mecklenburgs

Mit Kindern im Wald

Jedes Kind sollte die Möglichkeit haben, in einer intakten Umwelt groß zu werden. Waldbesuche gehören unbedingt dazu, denn kaum eine Umgebung kann Kinder in Bezug auf Fantasie, Bewegung und spielerisches Lernen so mühelos fördern wie der Wald. Eigentlich reicht der Wald mit all seinen Möglichkeiten in Form von Stöcken, Bächen, Teichen und Verstecken aus, um Kinder vollauf gefangen zu nehmen und lange zu beschäftigen. Wer die Aufmerksamkeit der Kinder ein wenig lenken möchte, für den sind im Folgenden ein paar Spiele im Wald aufgelistet, die über die Klassiker Verstecken und Schnitzeljagd hinausgehen.

NATURMEMORY

Den Kindern werden z. B. Blätter gezeigt. Sie sollen dann den zughörigen Baum finden. Das lässt sich leicht steigern, indem man statt Blätter Rindenstücke oder Knospen nimmt oder diese auch noch untereinander zuordnen lässt.

KÜNSTLER DES WALDES

Die Kinder dürfen mit Naturmaterialien wie Stöcken, Steinen, Blättern, Gräsern usw. ein Kunstwerk auf dem Waldboden schaffen, sei es eine Figur oder ein Art Bild mit (oder ohne) Rahmen.

BÄUME ERTASTEN UND WIEDERERKENNEN

Die Kinder versuchen mit verbundenen Augen, einen Baum zu ertasten und diesen danach mit offenen Augen wiederzufinden.

BAUMTELEFON

Die Kinder sitzen an den jeweiligen Enden eines gefällten Baumes. Mit den Ohren am Stamm versucht die eine Seite zu erlauschen, was die andere macht. Kratzen, Rascheln oder Klopfen?

BAUMSTUMPFSIEDLER

Dabei wird versucht, mit so vielen Kindern wie möglich auf einem Baumstumpf zu stehen. Die Kinder sollen sich dabei gegenseitig helfen.

WINTERSPIEL – WOLF UND REH

Es werden Wölfe und Rehe bestimmt. Nachdem sich die Rehe versteckt haben, versuchen die Wölfe, die Rehe anhand ihrer Spuren im Schnee zu finden. Natürlich versuchen die Rehe vorab, mit falschen Fährten Verwirrung zu stiften.

Winterspuren im Bayerischen Wald.

JAHRESRINGE ZÄHLEN

Die Kinder dürfen die Jahresringe an einem gefällten Baumstamm zählen und herausfinden, wie alt das Individuum ist. Ältere Kinder können dabei auch auf besonders dicke oder dünne Ringe achten und versuchen, dies mit

Rehe am Waldrand der Plöner Seewälder

Ereignissen im Baumleben zu verbinden. Ein „dünnes" Jahr könnte zu trocken gewesen ein. Ein plötzlicher Anstieg der Dicke kann mit einer vermehrten Zufuhr von Licht einhergegangen sein, weil vielleicht der Nachbarbaum gefällt wurde. Es geht nicht darum, dass alles unbedingt richtig ist, sondern darum zu erkennen, was das Leben eines Baumes beeinflusst. Nebenbei erwähnt: In der Wissenschaft kann über diese Dendrochronologie (eine ununterbrochene Reihe von Wachstumsringen aus einem Gebiet) sogar das Alter von Funden bestimmt werden, die Hunderttausende Jahre alt sind, wie in der Archäologie, Ökologie und Geologie.

SPUREN IM WALD

Tiere hinterlassen unterschiedliche Spuren im Wald. Menschen auch? Man versucht, die Gruppenmitglieder an ihren Spuren zu erkennen. Eine matschige Stelle erleichtert das Spiel.

SCHLEICHEN

Wildkatzen, Mäuse und Rehe bewegen sich leise. Die Kinder dürfen versuchen, so leise wie möglich durch das Unterholz zu schleichen, ohne dass es knackt, und dabei die Bewegungen der Tiere nachahmen.

Gefahren

In Kindergruppen sollte man die Losung ausgeben, dass die Kinder auf ihre jeweiligen Nachbarn aufpassen sollen und niemand verloren gehen darf.

Potenzielle Gefahren sind zum Beispiel **Zecken**, die man beim Spiel von ihren Sitzwarten an Grashalmen oder Ästen abstreifen kann und dann auf dem Körper herumkriechen und nach einer für sie geeigneten Stelle suchen, um sich einzubohren. Gegen die von Zecken übertragene Kinderlähmung kann man Kinder und Erwachsene impfen lassen. Auch die Lyme-Borreliose kann von Zecken übertragen werden. Sie wird in der Regel erst nach ca. acht Stunden des Einbohrens übertragen. Wer die Zecken vorher findet, kann das Risiko einer Infektion stark minimieren. Kinder und Erwachsene sollten lernen, sich selbst spätestens im Anschluss an einen Waldbesuch auf Zecken zu kontrollieren, und schon während des Waldbesuches auch mal ein Blick auf ihre Kleidung werfen, ob da etwas rumläuft. Zecken bevorzugen warme Stellen wie Achseln, Bauch und innere Oberschenkel. Eine Zeckenzange ist billig, leicht zu verstauen und viel zuverlässiger als die Fingernägel.

Der **Fuchsbandwurm** ist eine weitere potenzielle Gefahr. Man sollte Kindern beibringen, keine Früchte in Bodennähe zu pflücken, die Hände vor dem Essen gründlich zu waschen und die Finger nicht ständig in den Mund zu stecken. Allerdings hilft es auch, sich die realen Zahlen vor Augen zu halten: Die vom Fuchsbandwurm ausgelöste Krankheit „alveoläre Echinokokkose" hat in Deutschland jährlich nur etwa 50 Neuinfizierte. Eine Übertragung über nicht regelmäßig entwurmte Haustiere ist daher ungleich wahrscheinlicher.

In Eichenwäldern können sich manchmal **Eichenprozessionsspinner** massenhaft vermehren. Ihre durch den Wind verfrachteten Haare können zu Atemproblemen führen. Dann den Wald meiden.

Fichtengruppe in Sachsen

Das Einmaleins des Waldes

DIE WALDGESCHICHTE IM KURZDURCHLAUF

Mit dem Ende der letzten Eiszeit begann der Wald, die auftauenden Flächen wieder zu besiedeln. Seine Samen, verteilt durch Wind, Eichhörnchen und Vögel, eroberten in ein paar Tausend Jahren Mitteleuropa zurück, und die Fläche des heutigen Deutschlands war bald zu größten Teilen dicht mit Urwald bedeckt. Jäger und Sammler konnten dem Wald wenig schaden. Doch mit der Sesshaftwerdung des Menschen begannen erste Rodungen, die sich über die Römerzeit bis ins Mittelalter mit immer größeren Flächen gerodeten Waldes ausweiteten. Waldweide und die Tatsache, dass der Betrieb von Salinen, Tagebau, Städtebau und das Heizen der Häuser über das Roden des Waldes bewerkstelligt wurden, sind Gründe für die immer stärker werdende Holzarmut in deutschen

Wäldern im Hochmittelalter. Die Tatsache, dass fast alle Dinge des täglichen Lebens aus Holz gefertigt wurden, ist eine weitere Ursache. Schon im 15. Jahrhundert war der Wald auf seine heutige Fläche zurückgeschrumpft. Erste Forstordnungen lokaler Fürsten versuchten, dieser Entwicklung entgegenzuwirken. Aber erst mit dem Beginn des 19. Jahrhunderts begann sich die Idee einer nachhaltigen Forstwirtschaft durchzusetzen und wurde an Universitäten gelehrt. Umgesetzt wurde dies mittels großflächiger Pflanzung von Fichten und Kiefern, die zum einen besser auf den mittlerweile degradierten Böden anwuchsen und zum anderen auch wirtschaftlich verlockend waren, da ihr hochwertiges Bauholz sehr gefragt war. Zum Pech für die Laubwälder weitete man das Konzept auch auf bestehende Bestände aus, sodass der Hauptbaumanteil deutschlandweit von Baumarten eingenommen wird, die von Natur aus eher in den Bergen wachsen. So wurde die Holzwirtschaft zwar nachhaltig und lieferte verlässlichen Nachschub des Rohstoffs Holz, doch gleichzeitig wurden große Teile des Waldes aus ökonomischen Gründen zu Holzproduktionsflächen degradiert. Durch die Ausbreitung von Fichte und Kiefer wurden echte Naturwaldflächen auf abgelegene, schwer zu bewirtschaftende Areale und wenige naturnah wirtschaftende Staatswaldbetriebe zurückgedrängt. Die heutige Baumartenverteilung weist daher einen Nadelbaumanteil von 60 Prozent auf. Ohne menschliche Eingriffe läge er eher bei 10 Prozent. Dass wir weiter eine starke Forstwirtschaft brauchen, ist fraglos, ihre Ausrichtung allerdings diskussionswürdig.
Nachdem sich der streng wirtschaftlich auf Holzproduktion ausgerichtete Wald mit standortfremden Baumarten im Zuge der Klimaerwärmung und ihrer Herausforderungen immer mehr als Fehlkalkulation erweist, weil Fichten großflächig ausfallen und der Wald außerdem teuer neu aufgebaut werden muss, schwenkt die private Forstwirtschaft langsam auf einen natürlicheren Weg des Waldaufbaus ein. Ideen dazu gibt es schon seit einem halben Jahrhundert, nur konnten sie sich bisher nicht auf großer Fläche gegen die starken wirtschaftlichen Interessen durchsetzen, weil sie in der Summe immer weniger einbrachten als die Fichten-Monokulturen. In Zeiten des Klimawandels erscheint das nun auch aus wirtschaftlicher Sicht fraglich. Ziel ist es jetzt, langfristig auf einen stabilen Mischwald mit verschiedenen einheimischen standortgerechten Arten zu setzen, denn dieser hat sich als stabiler gegenüber Schadereignissen erwiesen. Fällt eine Baumart aus, dann hätte man immer noch die anderen.

Aber nicht nur die Fichte macht dem Forst Sorgen. In den letzten Jahrzehnten sind durch eingeschleppte Krankheiten und Käfer aus anderen Teilen dieser Welt – das geschah unbemerkt im Zuge des weltweiten Holz- und Pflanzenhandels – Baumarten wie die Ulme, Esche und Kastanie sehr stark dezimiert worden, sodass sie stellenweise komplett absterben und ihr Fortbestand im Forst fraglich ist. Da sie wegen ihres kleinen Anteils am Holzboden (so nennt man die mit Wald bedeckte Fläche Deutschlands) nur einen geringen Anteil der forstwirtschaftlichen Erträge ausmachen, war der Aufschrei aus der Forstwirtschaft in der Gesellschaft kaum zu hören und das Problem in der Bevölkerung quasi unbekannt. Mittlerweile gibt es auch wirtschaftliche Strömungen, die verstärkt auf ausländische Baumarten setzen, um wieder mehr Geld aus dem Wald quetschen zu können. Das könnte sich schnell zur nächsten Sackgasse im Forst entwickeln. Das Sinnvollste für die Zukunft scheint es zu sein, den Wald als eine Art „Gemischtwarenladen" mit standortgerechten Baumarten zu entwickeln. Das wäre dann nicht nur wirtschaftlich ein Gewinn, sondern auch ökologisch.

Besitzverhältnisse in Deutschland

Die durchschnittliche Waldbesitzgröße in Deutschland beträgt 2,4 Hektar je Waldbesitzer. In Deutschland existieren ca. 2 Millionen Waldeigentümer. Den Besitz am Wald teilen sich private Personen, Körperschaften und der Staat.

→ 45 % Privatwald

→ 3,5 % Wald des Bundes

→ 29 % Wald der Bundesländer

→ 19,5 % Körperschaftswald

→ 3 % Treuhandwald

HISTORISCHE WALDBEWIRTSCHAFTUNGSFORMEN

In diesem Buch ebenso wie draußen im Wald werden Sie häufiger auf die Überbleibsel historischer Waldbewirtschaftungsformen stoßen. Es erscheint daher sinnvoll, diese hier kurz zu erklären. Sogenannte Hutewälder oder auch Hudewälder genannt, dienten der Waldweide. Kleinbauern trieben ihre Schafe, Schweine, Ziegen, Hühner, Pferde oder Rinder in den Wald. Der Waldbesitzer erhielt dafür meist eine Bezahlung, die jene einer alternativen Holznutzung überstieg. Die Tiere fressen Knospen, junge Triebe, das frische Laub und auch die Keimlinge der Bäume und sorgen so mit der Zeit dafür, dass sich der Wald auflichtet. Wie schnell das passiert und wie weit sich der Wald lichtet, hängt von der Zahl und Art der Tiere sowie der Beweidungsdauer ab. So entstehen aus einem dichten Wald im Laufe der Zeit offene Wälder, parkartige Landschaften oder gar baumbestandene Wiesen. Besonders begehrt waren die Früchte von Buchen und Eichen unter den Schweinehirten. Mit Eicheln und Bucheckern lassen sich Schweine besonders gut mästen. Der Weidewald bekam daher auch den Namen Schmalzwald.

Heutzutage wurden die allermeisten Hutewälder wieder in Hochwald überführt. Trotzdem findet man noch viele Stellen, an denen die ehemaligen Hutebäume in den neuen Baumbestand eingewachsen sind. Sie sind, im Gegensatz zu den geraden, schlanken Bäumen des Hochwaldes, breitkronig mit breiten, aber kurzen Stämmen, die nicht selten von den Beschädigungen durch die Weide mit Narben übersät sind. Ein Bespiel für einen eingewachsenen Hutewald ist der Urwald Sababurg (55). Ein aktiver Hutewald glich vielleicht dem Bestand in den Ivenacker Eichen (35).

Eine weitere historische Bewirtschaftungsform ist die Niederwaldwirtschaft. Hier wurde der Wald alle 15 bis 30 Jahre komplett bis auf einen Wurzelstock heruntergeschnitten. Austriebsfähige Baumarten wie Hainbuche, Eiche oder Rotbuche waren in der Lage, wieder auszutreiben, sodass nach der nächsten 15-jährigen Wuchsperiode wieder geerntet werden konnte. Solange der Austrieb noch keinen Schatten warf, konnte zwischen den Baumstümpfen mancherorts sogar für ein bis zwei Jahre Getreide ausgesät werden. Eine Sonderform des Niederwaldes war die Nutzung als Kopfbäume, bei der die alle drei bis vier Jahre geernteten Triebe zum Flechten für Korbwaren und das dabei mitgeerntete Laub als Einstreu in den Stall verwendet wurden. Ein Mittelwald ähnelt dem Niederwald, mit dem Unterschied, dass auf derselben Fläche auch noch einige Bäume – meist handelte es sich dabei um Eichen – unangetastet blieben, bis sie Bauholzdimensionen erreicht hatten. Das ganze System war extrem vielgestaltig, teils mit lokalen Anpassungen der Baum- und Erntearten für den Wein- oder Schiffbau. Mittelwälder wurden im Herbst außerdem von Schweinehirten aufgesucht. Auch heute noch gibt es vereinzelt Nieder- und Mittelwälder, die meist aus Tradition fortgeführt werden. Generell nahm mit der Erfindung von Kunstdünger und dem Umstieg von Brennholz auf Kohle die Bedeutung dieser Bewirtschaftungsformen des Waldes schnell ab und sind heute die Ausnahme.

HEUTIGE WALDBEWIRTSCHAFTUNG

Den einheimischen Wald zu bewirtschaften bedeutet, den Rohstoff Holz nicht aus Wäldern vom anderen Ende der Welt importieren zu müssen, was zum einen wegen der langen Transportwege wichtig ist, aber vornehmlich, weil das Holz dort oft nicht aus einer nachhaltigen Forstwirtschaft stammt, sondern aus dem Raubbau von Urwäldern, wie zum Beispiel den Tropen oder den Taiga-Wäldern. Natürlich bietet die Forstwirtschaft auch eine große Zahl interessanter Arbeitsplätze.

Die Hallenburg im Thüringer Wald

In Deutschland wird der Wald in den allermeisten Fällen als schlagweiser Hochwald bewirtschaftet. Das bedeutet, dass die einzelnen Stämme aus Sämlingen oder gepflanzten Pflanzen dicht an dicht nebeneinander heranwachsen, um durch Konkurrenz das Wachstum gerader und für die Forstwirtschaft wertvoller Stämme zu forcieren. Dabei werden bestimmte Flächen – sogenannte Schläge – in der gleichen Weise behandelt und periodisch durchforstet, um die besten Stämme zu fördern. Es kann dabei zum Beispiel hinsichtlich wirtschaftlicher Gesichtspunkte nach den wertvollsten Stämmen, dem wüchsigsten Baum, aber auch nach Naturschutzkriterien ausgewählt werden. Bereits das Holz der späteren Durchforstung wird genutzt. Haben die Bäume ihre Zieldimensionen erreicht, werden sie geerntet. Je nach Baumart kann das zwischen 70 und 250 Altersjahren dauern, was bedeutet, dass Forstwirtschaft immer ein generationsüberschreitendes, nachhaltiges Denken verlangt. Mit der Ernte der Zielbäume wird spätestens an die Verjüngung der Fläche gedacht. Dabei kann neu gepflanzt werden oder im besten Fall Naturverjüngung genutzt werden. Die Nachwuchspflanzen keimen dann aus den Samen und Früchten, welche die Bäume in der Nähe ausgebildet haben, ohne weiteres Zutun des Försters. Geerntet werden die Zieldurchmesserbäume meist mittels Schirmschlages, was ein schrittweises Ausdünnen des Bestandes durch Entnahme einzelner Bäume über die gesamte Fläche verteilt bedeutet. Beim Saumschlag wird der Bestand in Streifen aufgelichtet. Beim Femelschlag werden aus kleinen Löchern langsam größere geschaffen. Wenn am Ende der Maßnahmen alle alten Bäume entnommen worden sind, ist die Fläche im besten Fall vollflächig verjüngt, weil die Maßnahmen über einen längeren Zeitraum schrittweise durchgeführt werden.

Ein Gegenmodell zur schlagweisen Waldwirtschaft ist der Plenterwald. Hier werden meist nur einzelne Altbäume entnommen und die Schicht darunter seinem Kronenbereich angepasst. So entsteht ein vielschichtiger Dauerwald, in dem Bäume aller Dimensionen nebeneinanderstehen.

WIRTSCHAFTSWALD VERSUS NATURNAHE WALDBEWIRTSCHAFTUNG

Der Wirtschaftswald wird in der Regel in Richtung der Holzproduktion optimiert. Natürliche Strukturen bleiben nur dort erhalten, wo Standorterschwernisse, wie zum Beispiel steile Hanglagen oder ein mit Felsbrocken übersäter Boden, das Wirtschaften unrentabel macht. Besonders ausgeprägt und naturfern sind Wirtschaftswälder mit standortfremden Baumarten wie Fichten und Kiefern. Es können aber auch Laubwälder als reine Wirtschaftswälder behandelt werden.

Wirtschaftswald im Saarland

Der naturnahe Waldbau integriert Naturschutzziele in die Bewirtschaftung, wie zum Beispiel durch die Förderung seltener Baumarten, den Schutz von Horst- und Höhlenbäumen, das Belassen von einem Anteil Alt- und Totholz oder die Aussparung von Gewässerrändern beim Einschlag. Dadurch wird die ökologische Vielfalt im Gegensatz zum Wirtschaftswald deutlich verbessert. Nicht nur Laubwälder, auch Fichten und Kiefern können nach diesem Konzept behandelt werden. Allerdings kann auch die naturnahe Bewirtschaftung Urwälder zur Erhaltung der ganzen biologischen Vielfalt nicht ersetzen, weil viele ökologische Nischen zur Entstehung einfach deutlich längere Zeiträume benötigen, als im Wirtschaftswald möglich. Darüber hinaus benötigen viele ökologische Strukturen und Prozesse auch mehr Platz (mehr, als beispielweise ein einzelner Totholzbaum leisten kann), um ihre positiven Wirkungen auf die Artenzusammensetzung und -zahl zu haben.

URWALD

Urwald ist ein Begriff für einen Wald, der vom Menschen niemals bewirtschaftet wurde und sich frei entwickeln konnte. Intuitiv werden gern besonders skurril gewachsene Wälder mit Urwald assoziiert, obwohl sie in der Regel Überbleibsel von Hutewäldern sind. In der freien Natur wären diese Wuchsformen sehr selten und auf extreme Standorte wie im Gebirge beschränkt. Wenn man es wertfrei betrachtet, gibt es in Deutschland und Europa keine echten Urwälder nennenswerter Größe mehr, weil immer irgendwie eingeschlagen oder beweidet wurde.

Ein Urwald ist aber sehr wichtig, weil nur hier ungestört evolutionäre Prozesse ablaufen können, denn im Wirtschaftswald werden diese durch ständige Selektion von Baumarten und Genotypen nach Kriterien der Wuchsleistung beeinflusst. Nur ein Urwald kann wegen seiner Habitatkontinuität alle Verfallsstadien und Mengen an Totholz liefern, die für vielzählige Arten den Lebensraum bilden, nur eine größere Urwaldfläche kann die dynamischen Prozesse der Natur ungestört ablaufen lassen.

Wollte man einen Wirtschaftswald in einen echten Urwald überführen, müsste man mehrere aufeinanderfolgende Waldgenerationen lang warten, also etwa 300 bis 500 Jahre. Über seine Erscheinungsform kann man in Deutschland nur qualifizierte Vermutungen anstellen. Es würde sich wohl ein Mosaik aus kleinräumigen Strukturen mit hallenartigen Beständen abwechseln, zumindest in den Buchenwäldern. Glücklicherweise wurden in den letzten Jahrzehnten immer mehr Waldflächen unter Schutz gestellt, die schon naturnah sind, und sich weiter in Richtung Urwald entwickeln dürfen. Meist haben sie aber noch eine große Strecke zurückzulegen, sind sie doch gewöhnlich nur ein paar Jahrzehnte, im besten Fall 100 bis 150 Jahre aus dem Wirtschaftskreislauf genommen worden. Das Verblüffende und zugleich Beflügelnde aber ist, dass sich schon in diesen Wäldern Strukturen eingestellt haben, die sie deutlich artenreicher und vielfältiger machen als reine Wirtschaftswälder.

Die Rotbuche, oft auch nur Buche genannt und wissenschaftlich als Fagus sylvatica definiert, kann aufgrund ihrer Schattenverträglichkeit unter den überwiegend bei uns vorkommenden Wachstumsbedingungen andere Baumarten auf lange Zeit hin ausdunkeln und so die Herrschaft im Wald übernehmen. Eine derart starke Dominanz einer einzelnen Baumart ist weltweit einzigartig.

Doch Buchenwald ist nicht gleich Buchenwald. Da sich Buchenwälder über die Baumschicht nur schwer unterscheiden lassen, dient stattdessen die Bodenvegetation als Gradmesser für die Unterteilung. Sie unterscheidet sich nach Feuchtegrad und Nährstoffgehalt des Bodens deutlich. Die Bezeichnungen der Buchenwälder werden daher anhand der Pflanzen in der Krautschicht vorgenommen, die sogenannten Zeigerpflanzen. In Wirklichkeit ist es etwas komplizierter, da meist eine Gruppe von krautigen Pflanzen und Gräsern als Zeiger dient, und nicht nur eine einzelne Art.

Hier kurz einige der wichtigsten Buchenwaldtypen, um einen Eindruck von den Unterschieden zu vermitteln: Der häufigste Typ ist der Hainsimsen-Buchenwald. Er stockt auf basenarmem oder saurem Untergrund und ist relativ arm an Pflanzenarten. Die Hainsimse sind ein anspruchsloses Binsengewächs am Waldboden. Den Waldmeister-Buchenwald findet man auf tiefgründigem basischem Untergrund mit einer ausgeprägten Krautschicht, in der auch Waldmeister wächst. Der Orchideen-Buchenwald wächst dagegen häufig auf Hängen in trockenen Südwestlagen über flachgründigen und kalkhaltigen Böden, auf denen Trockenheit ertragende Kräuter und Sträucher dominieren, zu denen auch Orchideen oder das Maiglöckchen gehören.

Abtransport von Nadelholz aus dem Hessischen

UNESCO-Welterbe Buchenwälder

Ohne Einflussnahme des Menschen wären große Teile Mitteleuropas von Buchenurwäldern bedeckt, in Deutschland wahrscheinlich 2/3 der Fläche. Der Anteil der Buche am deutschen Wald beläuft sich heutzutage nur noch auf knapp 16 Prozent. Das sind auf die Gesamtfläche (inklusive Äcker, Weiden, Bebauungen) berechnet sogar nur 4,8 Prozent. Auf die weltweite Verbreitung der Buche bezogen sieht es sogar noch schlechter aus. Deutschland liegt im Zentrum des natürlichen Rotbuchenverbreitungsgebietes und hat daher eine außergewöhnliche Bedeutung für die Erhaltung dieser Waldform.
Aus diesem Grund hat die UNESCO Buchenwaldgebiete zum Weltnaturerbe ernannt. Dieses serielle Naturerbe mit dem Titel „Alte Buchenwälder und Buchenurwälder der Karpaten und anderer Regionen Europas" umfasst zurzeit 94 Waldgebiete in 18 Ländern Europas. In Deutschland gehören die Waldgebiete der Nationalparks Hainich in Thüringen, Kellerwald-Edersee in Hessen, Jasmund und Müritz in Mecklenburg-Vorpommern sowie das Waldgebiet Grumsin im Biosphärenreservat Schorfheide-Chorin in Brandenburg dazu. Deutschland hatte sich dazu verpflichtet, auch darüber hinaus für alle deutschen Buchenwälder Schutz- und Bewirtschaftungskonzepte zu entwickeln, die im Sinne der Biodiversitätskonvention sind. Dazu gehörte unter anderem ein 5-Prozent-Ziel Waldwildnis. Die Umsetzung dieser Ziele wurde allerdings verfehlt, da bis dato gerade mal 3 Prozent Waldwildnis erreicht sind. Für die biologische Vielfalt in Naturwäldern wäre eine Beschleunigung dieser selbst gesteckten Ziele allerdings mehr als angemessen und ist dringend notwendig.

Hainich Nationalpark

WEITERE WALDTYPEN

Bei Wäldern, in denen die Buche nicht mehr konkurrenzfähig ist, handelt es sich meist um extremere Standorte. Wird es der Buche zu feucht, dominieren in sogenannten Bruchwäldern die Rot- und Grauerlen. Sie können für längere Perioden Überschwemmungen ertragen und wachsen see- oder flussuferbegleitend. Ist der Untergrund nur für kürzere Perioden überschwemmt, stößt man auf Auwälder. Hier wachsen Weiden, Eschen, Erlen, Ahorn und auch Eichen. Auch sie findet man flussbegleitend oder an Seeufern.

Trockenheit ist ein weiterer Faktor, der der Buche zu schaffen macht. Unter solchen Bedingungen stocken Eichenmischwälder, die meist mit Hainbuchen vergesellschaftet sind. Auch Kiefern können gut mit Trockenheit und Feuchtigkeit umgehen, kommen natürlicherweise aber nur punktuell auf trockenen Bergkuppen oder auch am Rande von Moorgebieten natürlich vor, da sie nicht so konkurrenzfähig sind. Ist das Terrain sehr steil und steinig und eventuell noch ständigen Hangrutschungen ausgesetzt, dominieren Eschen, Linden und Bergulmen sowie in südlichen Gebieten auch mal die Elsbeere in Hangwäldern und Schluchtwäldern. Fichtenwälder findet man von Natur aus nur in den Hochlagen der Alpen, an Moorrändern auch im Flachland und in den höheren Mittelgebirgen in der Übergangzone oft als Bergmischwald mit Tanne, Buche und Ahorn. In der Nähe der Baumgrenze kommt es durch hohe Minustemperaturen und Schneebruch dazu, dass es auch der Fichte zu extrem wird. Hier trifft man auf Lärchen- und Zirbelkiefernwälder mit meist schon extrem lichten Beständen. In der Realität gibt es viele Übergangsbereiche der Waldformen, und in der Natur findet man darüber hinaus auch noch vielfältige kleinräumige Standortwechsel, welche die Lebensbedingungen in die eine oder andere Richtung ändern können.

ESSBARES IM WALD

Das Thema Essbares aus dem Wald füllt eigene Bücher. Hier sollen daher nur ein paar Anregungen gegeben werden. Wer sich damit beschäftigt, wird schnell lernen, wie lecker es im Wald zugeht. Jeder kennt die leicht an Waldrändern zu findenden Brombeeren und Himbeeren. Sie sind im rohen Zustand zu verzehren. In vielen Fichten- und Kiefernwäldern wachsen im Unterholz Blaubeeren (auch Heidelbeeren genannt). Schlehenfrüchte kann man ebenso wie Holunder und Hagebutten zu Marmelade einkochen oder Säfte und Sirup daraus machen. Der Bärlauch hat Knoblaucharoma und eignet sich hervorragend für Pestos oder einfach zum Braten in der Pfanne sowie roh in Salaten. Die Brennnessel ist reich an Eisen und kann wie Spinat zubereitet werden. Frische Blätter von Birken, Buchen und Linde können einen Salat schmackhaft aufwerten. Haselnusssträucher stehen an jedem

Wer Pilze verzehren möchte, sollte sich gut auskennen

Waldrand. Wenn die Eichhörnchen sie nicht geplündert haben, schmecken frische Nüsse besonders nach Wald. Meist am Waldrand findet man auch den ein oder anderen Walnussbaum. Die Früchte von Esskastanien werden auch Maronen genannt. Einfach angeschnitten und im Ofen zubereitet bekommt man einen genussvollen Snack. Bucheckern, die Früchte von Buchen, kann man in geringen Mengen roh essen. Nicht zu viel, weil sie geringe Mengen an Blausäure enthalten. Geröstete Eicheln können als Kaffeeersatz dienen. Waldpilze findet man in allen möglichen Formen und Farben. Nur ein kleiner Teil davon ist essbar. Beliebte Klassiker sind Pfifferlinge, Steinpilze, Austernsaitlinge und Safranschirmling. Da es hier Verwechslungsgefahr mit Giftpilzen gibt, sollten mindestens ein Grundwissen und ein gutes Pilzbestimmungsbuch oder eine Pilzbestimmungs-App vorhanden sein. Gibt es geringste Zweifel, sollte man den Pilz stehen lassen oder vor dem Essen einen Pilzkenner um Rat fragen. Wichtig ist auch, sich vor dem Sammeln generell mit dem Thema Fuchsbandwurm und Zecken zu befassen. Wer im Wald sammelt, sollte verantwortungsvoll vorgehen. Man erntet nie alles mit, sondern immer nur einen Teil. Wenn zu viele Menschen dasselbe an einer Stelle sammeln, sind die Pflanze oder der Pilz sonst bald verschwunden.

TIERE IM WALD

Am leichtesten kann man Vögel und Säugetiere im Wald beobachten. Wer ein Reh, einen Fuchs oder einen Dachs auf einem Spaziergang sieht, sollte einfach ruhig stehen bleiben und das Treffen genießen, bis das Gegenüber von selbst die Szene räumt. Eine gewisse Gefahr geht von Wildschweinen aus. In der Regel aber nur, wenn die Bachen (Mütter) ihre Frischlinge führen und man unvermittelt auf so eine Rotte stößt. Dann sollte man sich besser schnell zurückziehen. Brunftiges Damm- oder Rotwild kann eventuell auch zu einem Problem werden. Auch hier besser Abstand halten. Wer von Luchsbeobachtungen träumt, muss entweder extrem viel Glück haben oder sich lange an dem Thema versuchen. Auch ich habe sie in unseren Wäldern noch niemals beobachten können. Wer Vögel im Wald sehen will, hat es mit einem Fernglas leichter. Am einfachsten bestimmen lassen sie sich aber über ihre Ruflaute, da man Vögel oft nur hört, weil sie sich im Unterholz verstecken. Generell gilt: Man rennt Tieren nicht hinterher, da man sie dadurch in zusätzliche Panik versetzt. Wer Spaß am Beobachten findet, sollte einen Förster fragen, ob er einmal in der Dämmerung (ohne Jagdabsichten) einen Hochsitz nutzen darf. Förster stehen solchen Wünschen im Allgemeinen sehr aufgeschlossen gegenüber.

ÜBERNACHTEN IM WALD

Das deutsche Waldgesetz verbietet es explizit, im Wald zu zelten. Es gibt aber mittlerweile einige schöne Möglichkeiten, trotzdem in den Genuss von offiziell erlaubten Waldübernachtungen zu kommen. In Schleswig-Holstein gibt es ein System von wilden Übernachtungsplätzen, sogenannte Trekkingplätze, von denen sich einige auch im Wald oder an seinem Rand befinden (www.wildes-sh.de). Trekkingplätze findet man auch im Hunsrück (www.nationalpark-hunsrueck-hochwald.de), Steigerwald (www.trekkingerlebnis.de), Pfälzer Wald (www.trekking-pfalz.de/plaetze) und dem Schwarzwald (www.trekking-schwarzwald.de). Hier muss man Plätze im Voraus buchen und ein geringes Entgeld für die Nutzung zahlen. Manche Plätze haben eine Holzplattform für das Zelt, andere befinden sich unter Felsen oder innerhalb einer Burg, meist aber einfach tief im Wald versteckt. Im Elbsandsteingebirge kann man in ausgewiesenen Höhlen ohne Zelt und ohne Feuer für eine Nacht bleiben, das wird hier „Boofen" genannt.

Trekkingplatz im Nationalpark Schwarzwald

TOP 5
Die schönsten Wälder

DIE SCHÖNSTEN WÄLDER MIT BLUMENTEPPICHEN IM FRÜHJAHR

05 Ostholstein Bungsberg – Buschwindröchen
48 Heinsberg Hückelhvoven – Hasenglöckchen
72 Nationalpark Hainich – Bärlauch
119 Steigerwald Knetzberge-Böhlgrund – Bärlauch
157 Karwendel Drei-Seen-Wald – Krokusse

DIE SCHÖNSTEN WINTERWÄLDER

23 Nationalpark Harz Nordteil
76 Thüringer Wald Großer Inselsberg
85 Elbsandsteingebirge Bielatal
134 Bayerischer Wald Großer Arber
161 Berchtesgaden Zauberwald

DIE SCHÖNSTEN HERBSTWÄLDER

DIE SCHÖNSTEN WÄLDER IN DEN BERGEN

DIE SCHÖNSTEN WÄLDER AM MEER

KAPITEL EINS

Wälder des Nordwestens

Der Nordwesten Deutschlands besitzt mit dem Nationalpark Harz ein echtes Mittelgebirge, in dem sogar die natürliche Baumgrenze erreicht wird.

Hier wachsen montane Fichten- und Buchenwälder rund um ausgedehnte Moorgebiete und in tiefen Schluchten. Ungeschlachte Felsformationen wollen im Wald entdeckt werden. Der Höhenzug des Teutoburger Waldes wartet mit rauschenden Bächen und bizarr gewachsenen Windbuchen am Gipfel auf. Im Wesergebirge verstecken sich besonders naturnahe Laubwaldgebiete, in denen der Mensch nicht mehr eingreift, und ein Hutewald, in dem wilde Pferde frei weiden dürfen. Nur wenigen dürfte bekannt sein, dass die Lüneburger Heide, die eigentlich berühmt ist für das Erblühen violetter Heideflächen Ende August, nur ein kleiner Teil eines riesigen Waldgebietes ist.

Der Rest des Nordens ist weniger bekannt für seine großen Wälder. Hier gilt die Devise: klein, aber fein. Ihre Faszination kann man leicht in den ostfriesischen „Urwäldern" entdecken, die allesamt aus Relikten mittelalterlicher Bewirtschaftung entstanden sind. Hier strecken mächtige Buchen und Eichen ihre ausladenden Kronen in den Himmel und trotzen seit Jahrhunderten Vieh, Mensch und Wetterunbilden. Wälder, die am Ufer der Ostsee wachsen, zeigen mit ihren Steilküsten und windgebeugten Bäumen einen ganz anderen Charme. Im Westen von Dithmarschen harren alte Buchen und forstliche Eskapaden ihrer Entdeckung.

Der Wernerwald grenzt als einzige größere Waldfläche direkt an das Wattenmeer und zeigt alte Kiefern und Eichenkrattwälder, deren dünne, verbogene Stämme zu tanzen scheinen. In den Seewäldern der Holsteinischen Schweiz brütet der Seeadler in einer bewaldeten Inselwelt. Es gibt also im Nordwesten reichlich zu entdecken.

Nordwesten

01 – 25

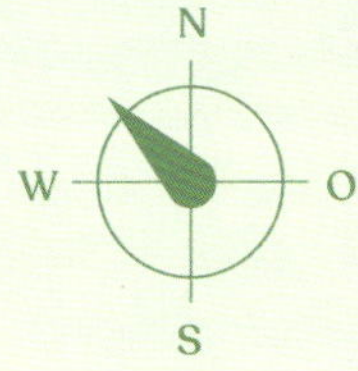

01 Flensburger Förde
02 Eckernförder Bucht
03 Holsteinische Schweiz Hessenstein
04 Holsteinische Schweiz Seewälder
05 Ostholstein Bungsberg
06 Naturpark Aukrug
07 Dithmarschen Riesewohld
08 Lauenburg Sachsenwald
09 Harburg Rosengarten
10 Cuxhaven Wernerwald
11 Emsland Tinner Loh
12 Friesland Neuenburger Urwald
13 Cloppenburg Urwald-Baumweg
14 Oldenburg Hasbruch
15 Heidewälder Lüneburger Heide
16 Südheide Lüßurwald
17 Teutoburger Wald Externsteine
18 Eggegebirge Silberbach
19 Süntel Hohen- und Schrabstein
20 Solling Hutewald
21 Solling Wildnisgebiet
22 Harz Gieboldehausen
23 Nationalpark Harz Nordteil
24 Nationalpark Harz Südteil
25 Harz Bodeschlucht

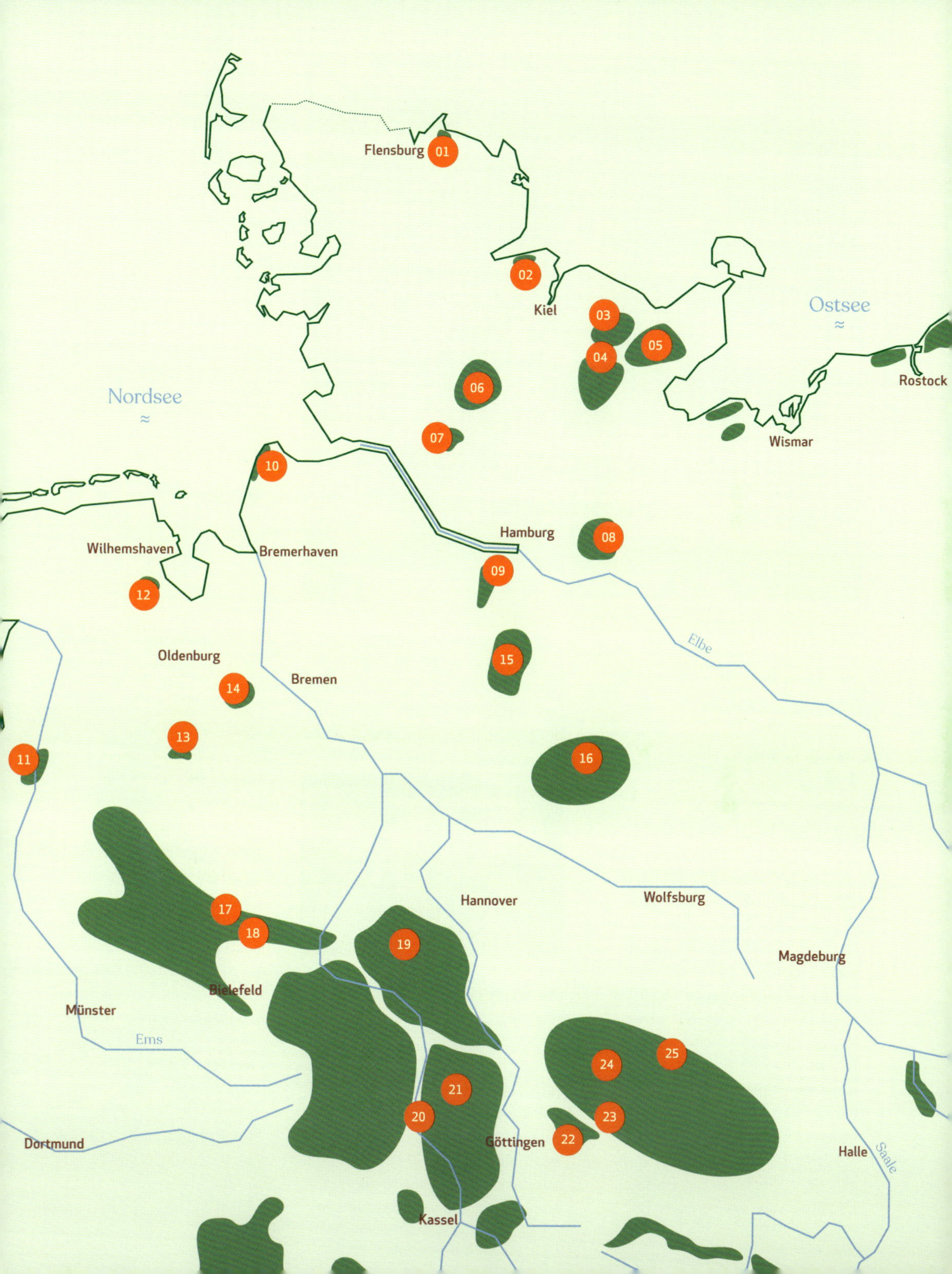

Nordsee
Ostsee
Flensburg
01
02
Kiel
03
04
05
06
07
Rostock
Wismar
10
Wilhemshaven
Bremerhaven
Hamburg
08
09
12
Elbe
Oldenburg
Bremen
15
14
13
11
16
17
18
Hannover
Wolfsburg
19
Magdeburg
Bielefeld
Münster
Ems
25
24
21
23
20
Dortmund
Göttingen
22
Halle
Saale
Kassel

01

01 | Flensburger Förde

Die Fjordlandschaft der 35 km langen Flensburger Förde wird an mehreren Stellen von äußerst interessanten Waldungen begleitet. Das größte Waldgebiet liegt gleich östlich von Flensburg. Hier trifft ein schöner Laubmischwald, von dem Teile lange unter militärischer Nutzung Sperrgebiet waren, auf eine hügelige Moränenlandschaft. In dem naturnahen Wald wachsen schöne Buchenwälder, die mit Eichen und Ahorn, Eschen und Fichten angereichert sind, aber auch Eichen-Birkenwälder, die auf Flächen zugewachsener Binnendünen stocken, auf denen das Bodenklima trockener ist. Um die zahlreichen Seen im Waldgebiet haben sich Bruchwaldgesellschaften mit Erlen, Eschen und Weiden ausgebreitet. Hier leben zum Beispiel Baumfalke und der Sprosser. Bei Langballigau versteckt sich ein Küstenwäldchen in einer glazialen Rinne. An ihren Hängen wächst naturnaher Laubmischwald mit Buche, Bergahorn, Ulme und Esche. Auf den

01

oberen Bereichen der Steilküste sind die Buchen mit alten Eichen vergesellschaftet und wachsen bis zur Steilkante an der Förde. Abgestürzte Baumindividuen versuchen am Kliffboden weiterzuwachsen, meist mit nur kurzem Erfolg. Last but not least findet man im 773 ha großen Naturschutzgebiet Geltinger Birk am Übergang zur windigen Ostsee kleine Wäldchen, in denen gebeugte und verdrehte Baumgestalten zu tanzen scheinen. Diese Buchen und Ahornbäume werden auch als Windflüchter bezeichnet.

→ GPS Parkplatz
54°50'6.44"N 9°31'56.92"E

→ Tipps
Im Waldmuseum Glücksburg kann man sich über die Flora und Fauna in den Fördewäldern informieren.
www.flensburger-foerde.de/kultur/waldmuseum-gluecksburg

→ Wer einmal um die Geltinger Birk wandert, entdeckt, Wald, Wiesen und Küste, ca. 10 km.

02 | Eckernförder Bucht

An der Schleswig Ostseeküste ist Wald, der direkt ans Meer grenzt, ein rares Gut. Im südlichen Teil der Eckernförder Bucht findet man allerdings gleich mehrere kleine Uferwäldchen, rund um die Dörfer Aschau, Noer und Schwedeneck. Die Ostseebucht ist während der letzten Eiszeit durch Ausschürfung und Ablagerungen einer Gletscherzunge entstanden, die eine hügelige Landschaft zurückließ, an der die Ostsee beständig nagen kann und so bis zu 30 m hohe Steilküsten geschaffen hat. Die schönsten Waldbilder trifft man in einem breiten Streifen entlang der senkrechten Wände an, weil in der exponierten Lage forstlich besonders schonend vorgegangen wird.

Alte Buchen, deren dicke Stämme vom beständigen Westwind geprägt wurden, stehen neben zerrupften Eichen und Haselgebüschen. Die

Steilkante erlaubt grandiose Ausblicke auf die Wellen der Ostsee. Gerade die Kanten sind auch Garant für besonders vielfältige Tier- und Pflanzengemeinschaften, denn unablässige Abbrüche vom Kliff führen zu einem kleinflächigen Mosaik unterschiedlicher Standorte. Hier stößt der schattige Laubwald auf voll besonnte Steilhanggebüsche aus Weißdorn, Schlehen und Feldahorn oder lückenhafte Hangwälder mit Vogelbeeren, Eschen und Ahornbäumen. Gemeistert werden die Lebensbedingungen von Spezialisten unter den Tieren wie den Uferschwalben, die ihre Nisthöhlen in Kolonien in die Steilküste graben. Hier findet man auch bodengrabende Bienen, Grabwespen und Wegwespen. An den Strandwällen fühlen sich auch Kreuz- und Wechselkröte wohl, sowie salztolerante Arten wie zum Beispiel der Meerkohl und die Strandquecke.

02

⟶ GPS Parkplatz
54°26'37.56"N 9°54'15.90"E

⟶ Tipps
Wer länger das Wasser beobachtet, hat die Chance, vielleicht sogar Schweinswale zu entdecken. Am Strand finden geduldige Sucher mit guten Augen Bernstein.

⟶ Wanderer können die Eckernförder Bucht und ihre Wälder zwischen Eckernförde und Kiel auf 35 km der Länge nach entdecken und mit dem Zug zurückfahren.

02

03

03 | Holsteinische Schweiz Hessenstein

Der Strezerberg mit 130 m und der Pilsberg mit 128 m zeigen einige der höchsten Erhebungen Schleswig-Holsteins. Sie sind ein Überbleibsel der Eiszeit in Form von Stauchmoränen. Diese zu großen Teilen bewaldeten Hügel befinden sich unweit der Ostseeküste gut 5 km nordwestlich vom beschaulichen Ort Lütjenburg. Hier kann man ein buntes Sammelsurium aus Waldbildern entdecken. Große Teile des Waldes werden aus Hainsimsen- und Waldmeister-Buchenwald gebildet, der mitunter in steilen Hanglagen stockt. Eingestreut in den Buchenwald sind Eichen, Ahorn, Vogelkirschen und Eschen. Besonders an den Bestandsrändern trifft man auch auf bizarr gewachsene Baumgestalten. Der Besucher stößt aber auch immer wieder auf forstliche Fichten und Lärchenbestände. In Senken und rund um die zahlreichen kleinen Seen, die sich im Waldgebiet befinden, stockt ein Erlen-Eschen-Bruchwald. Hier ist das Reich der geschützten Rotbauchunke, auch Feuerkröte genannt, die zu den kleinsten mitteleuropäischen Froschlurchen zählt. Ihr wohlklingendes Quaken erschallt im Frühjahr durch den Hessensteinwald. Unter dessen Blätterdach verborgen sind auch gut erhaltene Großsteingräber. Die Steinsetzung von Panker erscheint geradezu als mystischer Ort. Höhepunkt ist der 17 m hohe, achteckige neogotische Backsteinturm „Hessenstein“, von dem der Blick über die blaue Ostsee bis nach Dänemark reicht. Ostseestrände locken im Sommer zum Bade.

03

→ GPS Parkplatz
54°19'42.09"N 10°32'48.53"E

→ Tipps
Am Rand des Waldes wartet auf einer einsamen Wiese ein Trekkingplatz, der im Rahmen der Initiative „Wildes Schleswig-Holstein“ zum Zelten einlädt.
www.wildes-sh.de/trekkingplaetze

→ Die Gastwirtschaft Forsthaus Hessenstein lädt nach einem Spaziergang zum Essen ein.
www.forsthaus-hessenstein.com

04 | Holsteinische Schweiz Seewälder

Zwischen wallartigen Aufschüttungen aus Gesteinsmaterial, das die Gletscher der letzten Eiszeit in der Holsteinischen Schweiz zurückließen, haben sich Dutzende größere und kleinere Seen gebildet. Die Ufer der Seen und besonders ihre Inseln beherbergen sehr naturnahe Waldbestände. Als besonders wild gilt die Inselwelt im Plöner See. Sie wurde seit langer Zeit nicht mehr forstlich bewirtschaftet. Auf den mehr als 20 Inseln wachsen Au- und Bruchwälder mit Erlen, Eschen, Pappeln, Weiden. Auf den Inselhügeln stocken aber auch Buchenmischwälder, in deren Wipfeln Seeadler ihren Nachwuchs großziehen. Schellenten brüten dagegen als Nachmieter in von Spechten gezimmerten Baumhöhlen. Zwei Naturschutzgebiete schließen auch die Flachwasser- und Röhricht-Zonen ein und schützen so das wichtigste Brutgewässer des Landes. Die Inselwelt darf nicht betreten werden. Man kann sie aber hervorragend auf einer Fahrt mit dem Ausflugsschiff erkunden. Besonders schöne Uferwälder findet man auch auf der Prinzeninsel, die sich wie ein Lindwurm in den See streckt und der Länge nach erwandert werden kann. Uralte Eichen und Buchen verstecken sich in den Laubwaldbeständen des Nehmtener Forsts, der sich am südlichen Seeende ausbreitet. Auch die Ufer der kleineren Seen wie Behler See, Dieksee und Kellersee werden von prachtvollen Laubwäldern begleitet, die mitunter auch als Erlenbruchwälder mit Reliktbeständen von Gauerlen aufwarten, die hier seit der letzten Eiszeit ausharren. Sobald es hügeliger wird, dominiert aber wieder der Buchenwald.

04

04

04

→ GPS Parkplatz kostenpflichtig
54°8'58.17"N 10°24'6.11"E

→ Tipps
Mit der Ausflugsschifffahrt geht es durch die bewaldete Inselwelt des Plöner Sees.
www.grosseploenersee-rundfahrt.de

→ Weitwanderer können auf dem knapp 53 km langen Holsteinische-Schweiz-Weg einen guten Eindruck von den Uferwäldern des Gebietes bekommen.
www.holsteinischeschweiz.de/tour/holsteinische-schweiz-weg

05 | Ostholstein Bungsberg

Der Bungsberg befindet sich 10 km nordöstlich von Eutin und stellt mit 167 m die höchste Erhebung des Landes Schleswig-Holstein dar. Er wurde wegen seiner Höhe während der letzten Eiszeit von den Gletschern umflossen und nicht abgetragen, wie die restlichen Gebiete Ostholsteins. Rund um den Bungsberg und seine südlichen Höhenzüge breitet sich ein Buchenwaldgebiet von besonderer Schönheit aus. Noch bevor das Laub der Bäume richtig austreiben kann,

05

05

zeigen sich im Hainsimsen-Waldmeister-Buchenwald, in dem sich zu den Rotbuchen auch Spitzahorn und Stileichen gesellen, ausgedehnte Teppiche mit den weißen Blüten der Buschwindröschen. In die Kronenschicht des Waldes mischen sich auch Vogelkirschen in einer Zahl, wie sie anderswo in Deutschland nur selten zu finden sind. Im mittelgebirgsartigen Quellbereich der Schwentine hat der Wald eine Tendenz zum Schluchtwald, in dem das Baumartenspektrum um Edellaubhölzer wie Bergulmen, Linden und Bergahorn ergänzt wird. Wer im Herbst zum Bungsberg kommt, erlebt ein Feuerwerk der Farben und kann den Indian Summer hier auf langen, einsamen Wanderungen genießen.

05

→ GPS Parkplatz
54°12'33.03"N 10°43'29.47"E

→ Tipps
Ein Fernmeldeturm mit Aussichtsplattform bietet eine grandiose Fernsicht über die Lübecker Bucht der Ostsee.

→ Neben der Waldschule lädt ein Großer Waldspielplatz zum Schaukeln Reiten und Rutschen ein.
www.erlebnis-bungsberg.de

→ Eine 8 km lange Wanderung führt rund um den Bungsberg und beginnt bei Mönchneversdorf.

06 | Naturpark Aukrug

Die hügelige Altmoränenlandschaft des Aukrugs findet man 15 km westlich von Neumünster. Sie ist bedeckt non naturnahen Waldmeister-Buchenwäldern und bodensauren Buchen-Eichenwäldern. Am Boden stoßen Besucher stellenweise auf eine orchideenreiche Krautflora. Eine weitere Besonderheit sind Waldflächen, in denen sich die Stechplame (Ilex aquifolium) mit ihrem dunklen Laub im Unterwuchs ausgebreitet hat. Dieser schattenverträgliche, immergrüne Baum kann bis zu 300 Jahre alt werden, aber nur 15 m hoch. In den feuchten Bereichen des Aukrugwaldes treten Au-Sumpf und Bruchwälder auf, die von Erlen, Eschen und Weiden geprägt werden. In den zahlreichen

06

Bachläufen des Aukrugs lebt das Bachneunauge, ein aalartiger Fisch mit Saugnapf und sieben Kiemenöffnungen an jeder Seite. Etliche Teichanlagen im Wald sind von wichtiger Bedeutung für Knoblauchkröte, Moorfrosch und Kammmolch. In den verwunschenen Ecken des Waldes stößt der Besucher auf Reste alter Hute- und Eichenkrattwälder. Besonders markant und typisch für diese Region sind sogenannte Knickharfen. Dabei handelt es sich um Bäume, die im jungen Alter gesplittet und gebogen werden, um dann zahlreiche senkrechte Abstecher nach oben zu bilden. Pilzsucher freuen sich über einige ausgedehnte, alte Nadelgehölze, in deren hallenartigen Strukturen man hervorragend umherschweifen kann.

→ GPS Parkplatz
54°3'13.09"N 9°45'16.94"E

→ Tipps
Der Boxberg bietet eine schöne Aussicht, und das Restaurant-Café am Boxberg frische Torten nach norddeutschen Rezepten.

→ Mit dem Trekkingplatz Aukrug bietet sich den Freunden des Zeltens in der freien Landschaft eine schöne Möglichkeit, am Waldrand im Rahmen der Initiative „Wildes Schleswig-Holstein". www.wildes-sh.de/trekkingplaetze/aukrug

→ Die Wanderroute Boxberg-Waldhütten beinhaltet viele Höhepunkte der Gegend auf einem knapp 9 km langen Rundweg.

07 | Dithmarschen Riesewohld

„Riesenwald" ist die Bezeichnung für ein Waldstück einer Größe, das anderswo keine Beachtung aufgrund seiner Ausdehnung erhalten würde. Nur der Kontrast zu den endlosen Feldern und Wiesen in Dithmarschen macht die 700 ha Waldesgrün zu etwas Großem. Doch nicht seine Größe ist der ausschlaggebende Grund für einen Besuch. Der Bauernwald wurde stets in kleinen Parzellen bewirtschaftet, von denen viele nur gelegentlich genutzt wurden. So findet man im Riesewohld heute noch eine recht natürliche Waldstruktur mit alten Buchen und Eichen vor. Ein kleiner Teil ist deswegen als Naturwaldreservat ausgewiesen worden. In dessen Mitte steht die riesige „Fünffingerlinde", die aus einem Stamm mehrere dicke Sekundär-

07

stämme in die Höhe treiben lässt. Im Unterwuchs schaut man an feuchten Stellen auf hellgrüne Schachtelhalmteppiche. Von März bis April erblüht hier die Stängellose Schlüsselblume. Nur wenige wissen, dass die kleine gelbe Blume 30 Jahre und älter werden kann. Abseits des Kerngebietes mit alten Buchen stößt man mitunter auf experimentierfreudige Waldflächen mit Mammutbäumen, Scheinzypressen und Küstentannen, allesamt Waldbäume aus Nordamerika. Rund um die Wasserläufe und Teichflächen im Riesewohld kann man auch urige Bruchwaldflächen mit Roterlen und Eschen aufspüren.

→ GPS Parkplatz
54°8'41.03"N 9°13'17.95"E

→ Tipp
Verbindet man einen Waldspaziergang mit einer Schleife in die Weite der Marsch, kann man leicht einen Wandertag füllen, ca. 20 km.

08 | Lauenburg Sachsenwald

Der Sachsenwald liegt östlich vor den Toren Hamburgs und stellt mit ca. 70 km² das größte geschlossene Waldgebiet Schleswig-Holsteins dar. Hier wachsen Hainsimsen-Buchenwälder, in denen man auch Eichen, Ahorn, Eschen und Vogelkirschen findet. Da der Wald forstwirtschaftlich bewirtschaftet wird, kann man hier zudem Fichtenbestände, Kiefern, Lärchen und sogar Tannen antreffen. Wie ein Netz durchziehen den Sachsenwald Wasserläufe wie die Bille und ihre zahlreichen Nebenarme. In den Fließgewässern haben seltene Arten ein Rückzugsgebiet gefunden. Bachforelle, Elritze und die vom Aussterben bedrohte Flussmuschel sind Beispiele dafür. Auch Insekten wie Eintagsfliege oder die Wasseramsel haben hier ihr Zuhause. Der Wald ist besonders flussbegleitend sehr naturnah und zeigt sich als Erlenbruchwald mit

08

Eschen oder als Auwald mit Weidenarten. An den Hangkanten werden die Feuchtwälder von einem Streifen aus naturnahem Buchenwald mit ausgeprägtem Alt- und Totholzanteil ersetzt. Im Waldboden lebt ein Heer von Lebewesen wie Regenwürmer, Asseln und Bakterien. Sie zählen zu den Destruenten, das sind Zersetzer, die von der Biomasse der Blätter und Äste leben und den Bäumen die gespeicherten Nährstoffe wieder zugänglich machen. In einer Hand voll Waldboden zählt man mehr Lebewesen, als es Menschen auf der Erde gibt. Die Reste zahlreicher Großsteingräber sind Zeugen für eine steinzeitliche Besiedelung des Sachsenwaldes.

→ GPS Parkplatz
53°32'40.89"N 10°17'30.69"E

→ Tipps
Beim Forsthaus Friedrichsruh kann man in einem Waldkorb auf einer Lichtung übernachten. Bei Buchung gibt es ein Nachtsichtgerät zur Tierbeobachtung dazu.
www.herzogtum-lauenburg.de/a-der-waldkorb-vom-forsthaus-friedrichsruh-wunderweltwald

→ Der knapp 9 km lange Eisvogelwanderweg verbindet intime Einsichten in die Flusslandschaft der Bille mit schönen Walderlebnissen.

08

09 | Harburg Rosengarten

Gleich südlich von Hamburg liegt ein großes Waldgebiet in einer welligen Hügellandschaft, dessen Erhebungen bis 130 m Höhe erreichen. Im 257 ha großen Naturschutzgebiet Buchenwälder im Rosengarten befindet sich der größte Hainsimsen-Buchenwald des niedersächsischen Tieflandes, in dem neben Rotbuchen auch Eichen, Ahorn, Zitterpappeln, Fichten und Kiefern gedeihen. Andernorts wurde so ein günstiger Boden stets in landwirtschaftliche Flächen umgewandelt. In den unteren Schichten wachsen zum Beispiel auch die Stechpalme, gelegentlich die seltene Eibe und der Sprossende Bärlapp, ein geschützter Vertreter der Gefäßsporenpflanzen, der im Mittelalter als Hexenpflanze gehandelt wurde. Das Gebiet wird mittels naturnaher Eingriffe weiter bewirtschaftet. Waldlaubsänger und Trauerschnäpper leben hier ebenso wie Hohltauben, die für ihre Brut auf Altholzbestände angewiesen sind, in denen der Schwarzspecht Höhlen gezimmert hat. Die vielleicht schönste Zeit hier ist der Frühling, wenn das hellgrüne Laub treibt und die Waldvögel ihr beruhigendes Konzert veranstalten.

09

09

→ **GPS Parkplatz**
53°24'34.86"N 9°49'13.00"E

→ **Tipps**
Der Besuch des nahen Wildparks Schwarze Berge ist besonders für Familien interessant. www.wildpark-schwarze-berge.de

→ In der Umgebung des Rosengartenwaldes existieren Großsteingräber wie in der Nähe von Emsen.

→ Unter den Kronen des Rosengartenwaldes kann man eine knapp 6 km lange Rundwanderung vom Parkplatz „Karlsstein" aus in Angriff nehmen.

10

10 | Cuxhaven Wernerwald

1880 wurde ein forstliches Großprojekt an der waldlosen Nordseeküste vor Cuxhaven ausgerufen. Es sollte ein Dünengebiet aufgeforstet werden, mit dem Ziel, die Sandflucht aufzuhalten. Da die sandigen Heide- und Dünenflächen im direkten Uferbereich der salzigen Nordsee einen durchaus schwer zu besiedelnden Lebensraum darstellen, wollten einheimische Baumarten wie Buchen und Fichten hier nicht wachsen und verkümmerten aufgrund von Bodentrockenheit und

10

der Salzfracht der stürmischen Winde im Winterhalbjahr. Daher wurde mit der Schwarzkiefer Pinus Nigra experimentiert, die aus den Gebirgen des Mittelmeeres stammt und als standorttolerante und windresistente Pflanze gilt. Damit lagen die Planer goldrichtig, denn heute steht der Besucher vor charaktervollen Baumriesen, die mittlerweile 140 Jahre auf dem Buckel haben. Im Schutze der Schwarzkiefern konnten dann auch wieder einheimische Baumarten etabliert werden, sodass heute an der Elbmündung ganze 315 ha Waldfläche mit Buche, Eiche, Kirsche, Fichte und Kiefer an der Kante der Nordsee nahe der Elbmündung wachsen. Ein paar Kilometer weiter Richtung Osten trifft man bei Berensch zwischen Deichkante und Wattflächen auf sogenannte Eichenkrattwälder, die auf Dünenhügeln wachsen, die teilweise zum Nationalpark Wattenmeer gehören und verschrobene Baumgestalten hervorbringen, die mitunter wie Korkenzieher gedreht sind. Zusammen bilden die Wälder vor Cuxhaven das einzig nennenswerte, größere Waldgebiet an der deutschen Nordsee.

→ **GPS Parkplatz**
53°50'34.54"N 8°35'21.92"E

→ **Tipps**
Am schönsten ist es, den Besuch des Waldes mit einem Gang am Ufer der Nordsee zu verbinden. Das Flache Wattenmeer ist am interessantesten, wenn gerade Ebbe herrscht und das abgelaufene Wasser das tierische Leben im Watt freigibt, ca. 6 km.

→ Auf dem Campingplatz Wernerwald wartet ein wohlgestaltetes Baumhaus in einem Kiefernwald. www.baumhaus-cuxhaven.de

10

11

11 | Emsland Tinner Loh

Mitten im topfebenen Emsland etwa 30 km südlich vom bekannten Werftstandort Papenburg finden wir das Tinner Loh. Dieser knapp 13 ha große Wald in der Ems-Hunte-Geest gehört in die Kategorie „klein, aber oho" und ist als Naturschutzgebiet ausgewiesen. In das Tinner Loh wurden über lange Perioden von den umliegenden Bauern Rinder, Schweine, Ziegen und Schafe eingetrieben. Daraus entstanden vereinzelt stehende Hutewaldbäume mit angeknabberten Stämmen. Nach der Einstellung der Hute wuchsen sie in den heutigen Mischwald ein und entwickelten sich zu exzeptionellen Stammgestalten. Die 200 bis 500 Jahre alten Buchen und Eichen heben sich noch heute deutlich vom Jungwald ab und recken ihre Äste in den Himmel wie mit dem Kopf voran in den Boden gepflanzte Kraken. Die Hutebäume befinden sich im Endstadium ihres natürlichen Lebensalters und zeigen zahlreiche Blessuren vom Kampf mit den Zeitaltern in Form von ausgefaulten Höhlen, meterlangen Narben und abgebrochenen

11

Stammteilen. Der hohe Totholzanteil bietet Lebensraum für Spechte, Höhlenbrüter und Totholzkäferarten. Der Gedanke an das hohe Baumalter derartig kolossaler Titanen hat durchaus etwas Emotionales. Die Kernfläche wird umgeben von forstlich experimentierfreudigen Waldflächen mit Hemlocktannen, Japanlärchen aber auch Birken und Fichten.

→ GPS Parkplatz
52°47'25.37"N 7°19'36.68"E

→ Tipp
Ein knapp 4 km langer Wanderweg leitet die Besucher durch und um das Tinner Loh herum.

12 | Friesland Neuenburger Urwald

Auch der Neuenburger Urwald, das Herzstück der Friesischen Wehde und Rest des alten Friesenwaldes, ist ein ehemaliger Hutewald und liegt 10 km südwestlich vom Jadebusen, einer Bucht der Nordsee, nur 5 und 10 m über Meereshöhe in der Ostfriesisch-Oldenburgischen Geest. Als in der Mitte des 17. Jahrhunderts der Raubbau und die Übernutzung der Wälder durch die intensive Waldweide zu Holzknappheit führten, erließ der lokale Herrscher Graf Anton Günter erste Schutzmaßnahmen für den hiesigen Wald. Tatsächlich befinden sich noch heute Zeitzeugen in Form von alten Eichen im Bestand, die 500 bis 600 Jahre auf dem Buckel haben sollen. Einige Rotbuchen hier werden auf 400 Jahre geschätzt, und vereinzelte Hainbuchen auf bis zu 300 Jahre. Das sind allesamt Lebensalter, die sich nahe dem Maximum der Lebenserwartung der jeweiligen Baumarten befinden. 50 ha des Neuenburger Waldes wurden seit 1938 zum Naturschutzgebiet erklärt. Seitdem bleiben die Baumriesen und ihr Nachwuchs sich selbst überlassen. Das hat zu vielfältigen Strukturen geführt. Der Besucher stößt auf vitale Eichen mit ausladenden Kronen gleich neben entwurzelten Veteranen oder vom Wind aufgespaltenen Stämmen,

12

deren hohle Karkassen noch in den Himmel ragen. Zwischendrin haben sich Wände aus jungwüchsigen Buchen breitgemacht, sodass man mancherorts den Wald vor lauter Bäumen kaum erkennen kann. Der stockwerkartige Aufbau hat Urwaldähnlichkeit. Kein Wunder, dass sich hier Totholzarten wie Hirschkäfer und Eremit ebenso wie Trauerschnäpper, Rauhfußkauz oder die Fledermausarten Großes Mausohr und Großer Abendsegler wohlfühlen. In der Strauchschicht finden sich einige der schönsten Stechpalmenwälder Deutschlands, aber auch Faulbaum und Traubenholunder.

→ GPS Parkplatz
53°24'10.26"N 7°59'19.21"E

→ Tipps
Auf den ca. 15 km ausgewiesenen Wanderwegen kann man sich den Neuenburger Urwald hervorragend erschließen.

→ Im Restaurant Urwaldhof lässt sich das beeindruckende Walderlebnis gut verdauen.
www.urwaldhof-friesland.de

13 | Cloppenburg Urwald-Baumweg

Das mit 1600 ha Größe für das alte Oldenburger Land recht ausgedehnte Waldgebiet 5 km nordöstlich vom niedersächsischen Cloppenburg beherbergt mit dem Urwald-Baumweg, der zum gleichnamigen Naturschutzgebiet gehört, eine echte Perle. Auf knapp 30 ha wurde hier ein Hutewald, der lange als Weide zur Viehhaltung genutzt wurde, seit gut 120 Jahren sich selbst überlassen. Die ehemaligen breitkronigen Weidebäume sind mittlerweile mit einem neuen Waldbestand verwachsen. Besucher stoßen daher auf knorrige Eichen- und Buchenveteranen, oft mit mehreren dicken, verdrehten Stämmen. Besonders aufsehenerregend sind auch die schrulligen Hainbuchen hier, welche allesamt mit bizarren Stamm-

13

verwachsungen, Einbuchtungen und Höhlen aufwarten. Wer der Fantasie freien Lauf lässt, entdeckt im Urwald-Baumweg Trolle und Drachengestalten. Die Mehrzahl der alten Hutewaldbäume befindet sich

13

mittlerweile in der Alters- und Zerfallsphase, was den Bäumen deutlich anzusehen ist. Ebendiese Alt- und Totholzanteile bieten geradezu beispielhaft einen Lebensraum für höhlenbrütende Vogelarten wie den Waldkauz oder den Wendehals sowie verschiedene Fledermausarten. Ein zweiter Höhepunkt dieses Waldgebietes liegt mit dem Naturschutzgebiet „Ahlhorner Fischteiche" auf der gegenüberliegenden Seite des Waldes. Das Teichgebiet mit seinen Dutzenden Wasserflächen, auf denen Graugänse, Reiherenten und Blesshühner schnattern, beherbergt Bruchwaldstrukturen mit Erlen und auwaldartige Bereiche, in denen Weiden dominieren.

→ GPS Parkplatz
52°53'31.89"N 8°8'54.39"E

→ Tipp
Wanderer sollten nicht nur die Urwaldparzelle besuchen, sondern die Ahlhorner Teiche und den Urwald zu einer längeren Tour verbinden, ca. 15 km.

14 | Oldenburg Hasbruch

Der 630 ha große Hasbruchwald ist ein historischer Holzort und liegt 6 km östlich von Delmenhorst. Vieheintrieb, Streunutzung (das Laub wird als Einstreu in die Ställe verwendet) und Schneiteltnutzung (Nutzung weniger Jahre alter Austriebe in Form von Reisern für Flechtarbeiten) führten auch hier zur Verarmung des Waldes, sodass ab Beginn des 18. Jahrhunderts der Wald neu aufgeforstet wurde. Einige markante übrig gebliebene Kernbereiche des Hutewaldes wurden ab 1889 unter speziellen Schutz gestellt, sodass diese wohl schon seit gut 150 Jahren ohne menschlichen Einfluss wachsen dürfen und unter dem Titel „Urwald Hasbruch" durch die Hofmaler der Oldenburger Herzöge später deutschlandweit bekannt wurden. Auf ihren Bildern beindruckten vor allem die alten Eichen, von denen aber heutzutage nur noch wenige überlebt haben. Die älteste Eiche hier soll immerhin

14

1200 Jahre auf dem Buckel haben. Auch die mit 400 Jahren älteste und dickste Hainbuche Deutschlands findet man hier. Mittlerweile haben Buchen und Hainbuchen die Herrschaft in den Waldkronen übernommen. Vielfältige Strukturen und ein großer Totholzanteil bieten mehr als 1500 Tier- und Pflanzenarten im Hasbruch Platz. Dazu zählt auch die bedrohte Pilzart Safrangelber Porling, die Einbeere, Amphibienarten wie der Feuersalamander und der Fadenmolch sowie der Mittelspecht.

→ **GPS Parkplatz**
53°3'48.53"N 8°28'3.70"E

→ **Tipps**
Zahlreiche Wanderwege durchziehen den Hasbruch und bieten dem Besucher kurze Spaziergänge oder eine lange Tagestour zur Auswahl.

→ Nicht direkt im Hasbruch, aber in der weiteren Umgebung von Sottrum, kann man in Baumhäusern übernachten, die besonders für Familien mit Kindern interessant sein dürften. www.familienparksottrum.de

15 | Heidewälder Lüneburger Heide

Das 234 km² große Naturschutzgebiet Lüneburger Heide westlich von Schneverdingen ist eines der größten seiner Art Deutschlands und beherbergt neben den berühmten 5000 ha Heideflächen auf dem Großteil seiner Fläche, nämlich zu 2/3, ausgedehnte Wälder. Dem war nicht immer so, denn der natürlich vorkommende Buchen- und Eichenmischwald wurde einst aufgrund des Holzhungers früher Industrien wie der Metallverhüttung und Salzgewinnung und dem Holzbedarf des täglichen Lebens fast gänzlich gerodet und degenerierte zu einer Heidelandschaft. Erst als die dort etablierte Heidebauernwirtschaft aufgegeben wurde, begann man mit Wiederaufforstungen. Dabei verwendete man auf den kargen Flugsand- und Binnendünenflächen vornehmlich Kiefern, die auch heute noch das Waldbild prägen. Es gibt aber auch Ausnahmen wie die Döhler Fuhren. Das ist ein Kiefernbestand in der Nähe des Dorfes Döhle, der 100 Jahre zuvor durch Naturverjüngung entstanden ist. Daher findet man hier beeindruckende 200 Jahre alte Waldkiefern. Auf Dünenbergen wie dem Wümmeberg können Relikte einer Niederwaldbewirtschaftung bewundert werden, deren Bestände hier Stühbüsche genannt werden. Sehr interessant ist auch die Zone, in der sich Heide und Wald verzahnen. Hier erblickt man offene Waldfläche und charaktervolle, einzeln stehende Exemplare von Kiefern und Eichen. Die Zeit der Heideblüte Ende August, Anfang September lässt die Landschaft dann in Lilatönen schwelgen.

→ **GPS Parkplatz kostenpflichtig**
53°8'35.28"N 9°55'7.85"E

→ **Tipps**
Besonders für kleine Waldbesucher sind der Baumwipfelpfad und der Wildpark Nindorf-Hanstedt Baumwipfelpfad eine Freude. www.heide-himmel.de

→ Im Walderlebniszentrum Ehrhorn lernt man etwas über den Wald und das historische Leben der Heidebauern. www.landesforsten.de/erleben/unsere-naturtalente/walderlebnis-ehrhorn

→ Der Wanderweg „Lila Krönung" durchquert das Heidegebiet von Ost nach West, ca. 15 km.

15

15

16

16 | Südheide Lüßurwald

Im Naturpark Südheide, 20 km südöstlich von Munster, breitet sich im mit 7500 ha eines der größten zusammenhängenden Waldgebiete Norddeutschlands aus. Ein Teil davon bildet den Lüßwald. Im ehemaligen königlichen Bannforst wachsen in einer ebenen Landschaft hauptsächlich Rotbuche, Traubeneiche und Kiefer. Immerhin 170 ha sind nahe der Ortschaft Unterlüß als Naturschutzgebiet Lünsholz ausgewiesen, das ein knapp 30 ha großes Naturreservat beinhaltet. Es wurde seit 1973 von jeglicher forstlichen Nutzung befreit. Seitdem darf sich der Urwald vor der Haustür neu entwickeln. Schon einen großen Schritt in diese Richtung findet man in den Beständen mit über 100-jährigen Buchen und bis zu 180 Jahre alten Eichen, in denen sich bereits Totholzstrukturen etabliert haben, die so wichtig für die Vielfalt einer natürlichen Waldgesellschaft sind.

Dieser Teil des Waldes wird auch gern als Lüßurwald bezeichnet und bietet Platz für Moderholzbewohner in Form einer Vielzahl holzzersetzender Käfer. Sogar der Wolf hat den Lüßwald und seine angrenzenden Waldungen wieder besiedelt.

16

Die scheue Wildkatze gehört ebenso zu den Einwohnern des Waldes. Wer auf den Waldboden schaut, entdeckt sicher die zahlreichen Aufbruchspuren am Boden, die von Wildschweinen stammen. Nicht selten kann man im Lüßurwald Familienverbände der wilden Vettern unserer Hausschweine beobachten.

→ GPS Parkplatz
52°49'40.77"N 10°18'46.55"E

→ Tipp
Auf dem Urwaldpfad können Wanderer die Waldgeheimnisse des Lüßurwaldes auf einer 7 km langen Runde entdecken.

17 | Teutoburger Wald Externsteine

Der Teutoburger Wald ist ein großteils bewaldetes Mittelgebirge mit Höhen über 400 m und ragt weit in die norddeutsche Tiefebene hinein. Sein Bekanntheitsgrad beruht vor allem auf der Varusschlacht zwischen Römern und Germanen im Jahr 9 n. Chr. 6 km südlich von Detmold ragen die schroffen Sandsteinfelsformationen der Externsteine unvermittelt aus der Landschaft. Die Felsen werden von einer parkartigen Anlage umschlossen, die wiederum in ein Waldgebiet eingebettet ist und als 127 ha großes Naturschutzgebiet ausgewiesen wurde. In den feuchten Bereichen des Waldes findet man Erlen-Eschenwälder. Dort, wo es hügeliger wird, dominieren Buchen, Eichen und Fichten das Kronendach. Außerdem haben sich einige Relikte ehemaliger, beweideter Hutewälder erhalten, sodass man stellenweise auf einzelne uralte Eichen trifft. Mittelspecht, Schwarzspecht und Grauspecht hacken in das reichlich

17

17

vorhandene Totholz Baumhöhlen, in denen es sich Nachmieter wie der Siebenschläfer gemütlich machen. Im Naturschutzgebiet blühen auch Orchideenarten wie das Gefleckte Knabenkraut und der Fliegen-Händelwurz. Wasserspitzmaus und Libellen wie die Becher-Azurjungfer leben an den zahlreichen Teichen im Gebiet.

→ **GPS Parkplatz kostenpflichtig**
51°52'10.33"N 8°55'33.99"E

→ **Tipps**
Auf dem Nieheimer Kunstpfad kann man ein kugelrundes Baumhaus entdecken, das Kindheitserinnerungen wecken könnte.
www.nieheimer-kunstpfad.de/6-baumhaus

→ Der Externsteine Rundweg führt über gut 9 km durch das Gebiet.

18 | Eggegebirge Silberbach

An der Bruchstelle zwischen Eggegebirge und Teutoburger Wald, östlich der Externsteine und nahe der Ortschaft Leopoldstal liegt der Silberbach, der durch ein romantisches Tal fließt, das man auch im Bayerischen Wald vermuten könnte.

18

Der Bach mäandert hier durch Fichten-Buchenwälder, hüpft über kleine Wasserfälle, kurvt um Sandsteinblöcke und sorgt so für ein stetig feuchtes Waldklima. Die Äste der Ahornbäume tragen Moospolster wie grüne Kleidung. Das Wasser des Silberbaches kommt auch vom Preußischen Verlmerstot, dem mit 468 m höchsten Berg des Eggegebirges. Hier und rund um den Nachbargipfel Lippscher Velmerstot findet man zwischen ausgedehnten Fichtenbeständen auch immer wieder bizarr geformte Windbuchen, die hier oben ihr karges Dasein fristen und den Wetterunbilden im Gipfelbereich trotzen. Manche der Rotbuchen scheinen mit ihren gebogenen Stämmen zu taumeln. Im Unterholz des Waldes lebt die seltene Wildkatze. Beeindruckende Ausblicke von den Gipfelfelsen und einem Aussichtsturm runden das Walderlebnis ab.

18

→ GPS Parkplatz
51°51'7.86"N 8°57'16.29"E

→ Tipps
Romantisch im Wald liegt das Restaurant Waldhotel Silbermühle. www.silbermuehle.de

→ Die Velmerstot-Route zum Eggeturm führt von Leopoldstal über 9 km durch das Gebiet.

19 | Süntel Hohen- und Schrabstein

Im Süntel, der Bestandteil des Wesergebirges ist, verbirgt sich 10 km nördlich von Hameln das 877 ha große Naturschutzgebiet Hohenstein, zu dem auch die Naturwaldreservate Schrabstein und Hohenstein gehören. An den Hängen des plateauartig abgeflachten Kalksteinmassivs des Schrabsteins wächst ein Orchideen-Buchenwald, in den sich Esche, Bergahorn und Eichen gemischt haben. In den felsigen Partien brütet der Uhu. Ähnlich seinem Nachbarberg bildet der 341 m hohe Hohenstein ein Plateau aus kalkreichem Sedimentgestein, von dem aus man einen weitschweifenden Blick ins Weserbergland genießen kann. In den Felsspalten brüten Wanderfalken und die seltene Mopsfledermaus. Im Frühjahr findet man im Naturschutzgebiet Märzenbecher, Bärlauch und Buschwindröschen. Der leise flüsternde Blutbach gebärdet sich wie ein Großer, denn er hüpft über kleine Stufen, staut sich hinter umgefallenen Baumriesen und nimmt dort Schwung für die nächste Treppenstufe, stets umgeben von einem Buchenhallenwald. Eine botanische Besonderheit des Gebietes sind die Süntelbuchen. Das sind krüppelig und verdreht wachsende Rotbuchen, von denen man vermutet, dass sie hier im Süntel durch Mutationen entstanden sind. Leider wurden die letzten

19

19

Bestände dieser Rotbuchen-Varietät abgeholzt, weil ihr Holz wertlos war. Einzelne übrig gebliebene Exemplare findet man heute eher in Parkanlagen als im Wald. Eine neu angepflanzte Fläche ist allerdings im Entstehen.

→ GPS Parkplatz
52°12'6.15"N 9°16'37.72"E

→ Tipps
Bei Hessisch Oldendorf befindet sich am Rand des Naturschutzgebietes der Langenfelder Wasserfall, der mit 15 m höchste natürliche Wasserfall in Niedersachsen.

→ Stylische Baumhäuser zum Übernachten warten im Baumhaushotel Waldquelle in Aerzen. www.hotel-waldquelle.de

→ Vom Waldparkplatz „Am Vorberg" kann der Wanderer zu einer 8 km langen Tour durch beide Naturschutzgebiete aufbrechen.

20 | Solling Hutewald

Mit sanften Kuppen und Hügeln zeigt sich das Mittelgebirge Solling zwischen Uslar und Beverungen. Vor der menschlichen Besiedlung war die gesamte Gegend dicht bewaldet. Im ausgehenden Mittelalter sind davon durch Waldweide und Holzeinschlag nur noch 20 Prozent übrig geblieben. Durch spätere Aufforstungen erholte sich der Wald in der Folgezeit, und die Hutewaldungen verschwanden im Landschaftsbild. Um diese traditionelle Bewirtschaftungsform in die Gegenwart zurückzuholen, wurde ein Hutewald-Projekt der Niedersächsischen Landesforsten entwickelt und in den nördlichen Waldhängen des Weserberglandes in Angriff genommen. Für Waldliebhaber bietet sich hier eine einmalige Gelegenheit, die Waldweide im Hutewald nicht nur anhand alter, übrig gebliebener Exemplare zu erleben, sondern live bei seiner Entstehung und Nutzung zuzusehen, denn hier dürfen Exmoor-Ponys und Heckrinder weitgehend frei weiden. So kann man als Besucher nicht nur die Waldstrukturen bewundern, sondern mit etwas Glück auch die Dynamik einer Ponyherde beobachten. Die Tiere sind nicht scheu und gehen ihrem Tagwerk ungestört nach. Durch die schonende Weidehaltung werden seltene Tier- und Pflanzenarten gefördert, die in einem reinen Waldgebiet keine Chance hätten. Der Wald selbst zeigt sich in lichten Eichenbeständen mit mächtigen alten Baumveteranen, aber auch mit Buchenwaldflächen und auwaldartigen Strukturen rund um naturnahe Bachläufe und Teiche.

→ GPS Parkplatz
51°41'23.09"N 9°28'38.09"E

→ Tipps
Mit einem Abstecher zu einem Aussichtsturm führt ein knapp 6 km langer Rundweg durch den Hutewald. www.naturpark-solling-vogler.de

→ Wer davon träumt, in den Baumkronen zu schlafen, könnte für eine Nacht in das Baumhaushotel Solling einziehen: www.baumhaushotel-solling.de

20

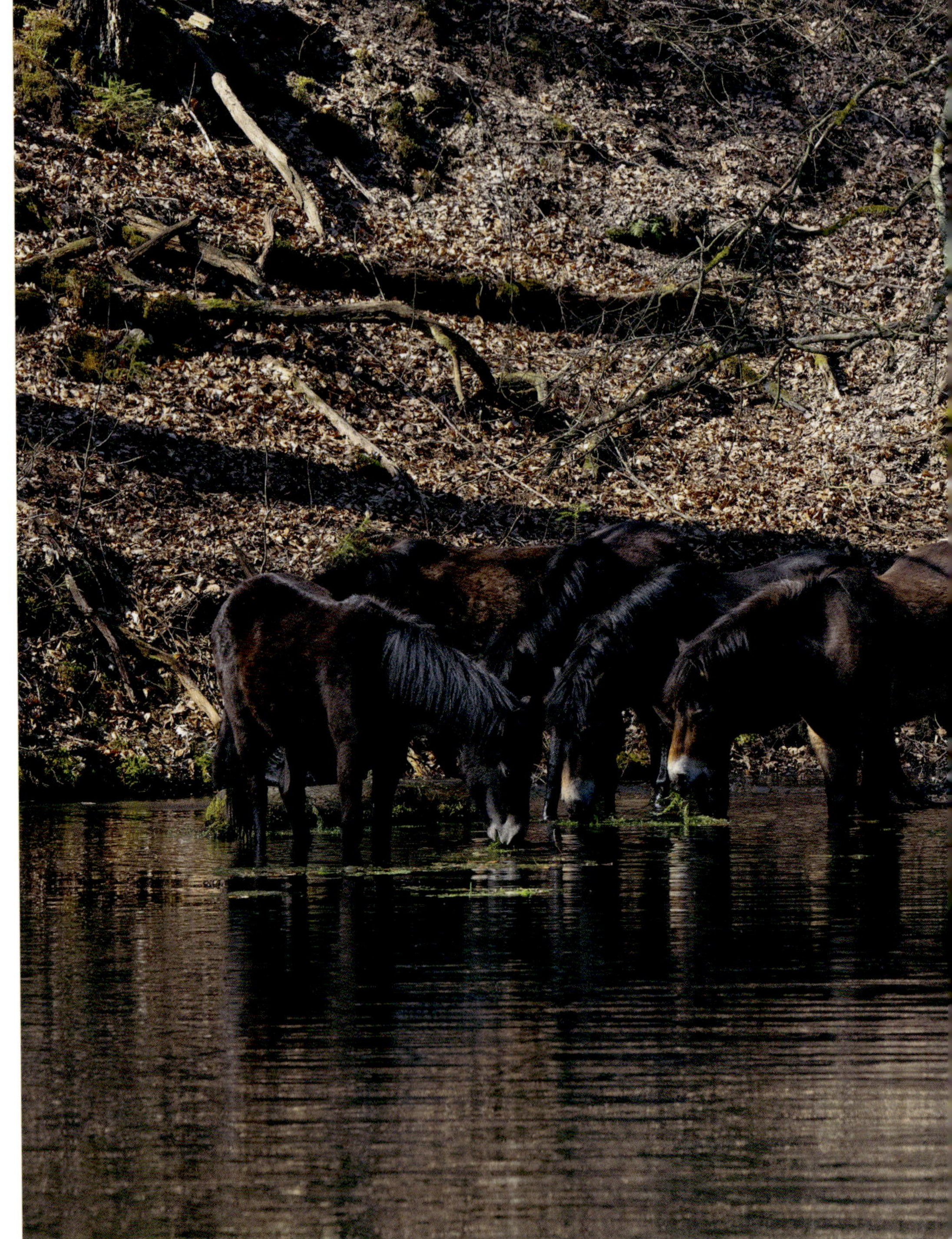

20

21

21 | Solling Wildnisgebiet

Der Solling nördlich von Uslar bietet große unzerschnittene Laubwaldgebiete im unteren Weserbergland, von denen jüngst 2021 ganze 1020 ha zum Naturwald ernannt wurden, der sich in Zukunft als Wildnis entwickeln soll. Dabei handelt es sich um Hainsimsen-Buchenwälder, denen auch Stiel- und Traubeneichenbestände beigemischt sind, sowie Erlenbruchwälder in den feuchten Senken. Schon jetzt zeigen sich die Bestände mit vielfältigen Waldstrukturen. Einen guten Eindruck, wie sich die Wälder hier entwickeln können, bekommt man am Waldbuckel des 494 m hohen Dreyberges, auf dem schon seit den 1990er-Jahren ein Naturwald ausgewiesen wurde. Ergab eine Bundeswaldinventur einen Durchschnitt für den Holzvorrat von 336 Volumenfestmetern je Hektar in Deutschland, wurden hier von einer Naturschutzorganisation erstaunliche 589 (Vfm)/ha gemessen. An geschwächten Buchen kann man hier die konsolenartigen Teller des Zunderschwamms beobachten. Der Pilz führt zu Holzfäule und schlussendlich zum Absterben und Brechen der Stämme. Er schafft so Lebensraum für Holz bewohnende Insektenarten und Baumhöhlen bewohnende Waldvögel wie den Sperlingskauz. Der Rotmilan findet dagegen seine Brutplätze in den Kronen. Der heimlich lebende Luchs ist in den Wäldern bereits gesichtet worden.

21

→ GPS Parkplatz
51°41'5.19"N 9°36'27.32"E

→ Tipps
Ein Aussichtsturm und ein großer Kinderspielplatz sowie ein Badeteich befinden sich rund um das Baumhaushotel Solling bei Schönhagen. www.baumhaushotel-solling.de

→ In den sanften Hügeln des Solling kann der Wanderer zwischen Neuhaus und Uslar 15 km schönste Waldwege begehen. Zurück geht es mit dem Bus.

22 | Harz Gieboldehausen

22

Am Ortsrand von Gieboldehausen lebt die mittelalterliche Bewirtschaftungsform eines Kopfhainbuchenwaldes auf gut 8 ha Fläche wieder auf. Bei dieser Art der Niederwaldwirtschaft wird die Holzgewinnung mit der Waldweide verbunden. Um Brennholz zum Kochen und Heizen zu ernten, wurden auf den im kleinbäuerlichen Besitz befindlichen Parzellen alle 15 bis 18 Jahre „auf den Stamm gesetzt", was so viel wie das Abschneiden aller starken und dünnen Äste bis auf den Stamm bedeutet. Da gleichzeitig Weideflächen Mangelware waren, tat

22

man dies in einer Höhe von gut 2 m, damit das Vieh die frischen Triebe nicht erreichen könnte. Die Hainbuche eignet sich besonders gut für diese Waldform, weil sie zuverlässig immer wieder aus dem Stamm austreiben kann. In Gieboldehausen stehen 1800 dieser Kopfhainbuchen, die schon mehr als 100 Jahre alt sind und bizarre Stammformen gebildet haben. Die vielen Narben, Nischen, Höhlen und Risse, die sich in den Stämmen über die Jahre gebildet haben, sind auch ein idealer Lebensraum für Insekten und höhlenbrütende Vögel. Für das menschliche Auge sind besonders die älteren Waldteile attraktiv. Sie scheinen an manchen Stellen direkt aus einem Märchen der Gebrüder Grimm zu stammen. Auch für weiteren Nachwuchs ist gesorgt. Baumpatenschaften im Wald sind mit hölzernen Schildern gekennzeichnet.

⟶ GPS Parkplatz
51°37'9.56"N 10°13'9.75"E

⟶ Tipp
Ein gekennzeichneter Rundwanderweg führt auf ca. 3 km Länge den Besucher durch den Niederwald.

23 | Nationalpark Harz Nordteil

Der Waldnationalpark Nationalpark Harz beherbergt wegen seines Höhenunterschiedes von gut 900 m zwischen seinem höchsten und dem tiefsten Punkt vielfältigste Waldstrukturen. In den unteren Schichten breiten sich Buchenwaldgesellschaften aus, während in den oberen Lagen Bergfichtenwälder dominieren. Am Brocken mit seinen 1141 m wird sogar die natürliche Waldgrenze erreicht. Die Hochlagenwälder des bundeslandübergreifenden Nationalparks kann man am besten zwischen Brocken und Torfhaus kennenlernen. Wildromantisch erscheinen die sich hier ausbreitenden weiten Moorflächen, die begleitet werden von Moorwäldern, in denen Birken, Kiefern und Fichten wachsen. Im späten Frühjahr wiegen sich hier die weißen Watteballchen des Wollgrases im Wind, während vom Aussterben bedrohte Schmetterlingsarten wie der Moosbeeren-Grauspanner oder die Hochmoor-Mosaikjungfer, eine Libellenart, durch die Luft gaukeln. Auf Bergen wie der Wolfswarte oder der Achtermannshöhe warten Felsenriffe und Blockfelder, die wunderbare Fernblicke erlauben. Der Brocken selbst ist die beste Aussichtswarte. Vom Brocken fließt das Wasser der Ilse durch ein bemerkenswertes Wasserfalltal und durch Buchenhochwälder, vorbei an Klippen wie dem Ilsestein hin zur Oker. Vor der

23

23

Entstehung des Nationalparks hat der Mensch die Harzer Wälder über Jahrhunderte genutzt und dabei in Richtung Holzertrag verändert. Die Fichte bekam so einen stark überproportionalen Anteil. Wer hier unterwegs ist, sollte sich bewusst sein, dass gerade diese ehemaligen Fichtennutzwälder im Zeichen des sauren Regens, des Klimawandels und den daraus folgenden Borkenkäferkalamitäten auf großen Flächen abgestorben sind. Da der Wald in einem Nationalpark sich selbst überlassen bleibt, trifft der Besucher vielerorts auf kahle Baumskelette. Wer genauer hinschaut, sieht zwischen den Stammkarkassen eine neue Walddynamik entstehen. Der neue Jungwuchs, eingetragen von Wind und Vögeln wie dem Eichelhäher, scheint geradezu zu explodieren. Neben jungen Fichten stehen nun Birken, Vogelbeeren und Ahorn. Auch die Buche erobert sich ganz ohne Zutun des Menschen ihr früheres Territorium in den mittleren Höhenlagen langsam zurück. Es entsteht die Wildnis von Morgen.

→ GPS Parkplatz kostenpflichtig
51°48'13.51"N 10°32'10.96"E

→ Tipps
Der Baumwipfelpfad Harz bei Bad Harzburg sorgt für neue Einsichten. www.baumwipfelpfad-harz.de

→ Wer in den Kronen übernachten möchte, kann dies in Baumhaus Bad Harzburg. www.sonnenhotels.de

→ Mehrere Besuchereinrichtungen informieren über die Flora und Fauna des Gebietes, zum Beispiel in Torfhaus und Ilsenburg. www.nationalpark-harz.de

→ Auf 13 km kann man das wildromantische Ilsetal auf dem Weg zur Plessenburg entdecken.

23

24 | Nationalpark Harz Südteil

Von Bad Herzberg an der sonnigen Südseite des Harzes erstreckt sich das Nationalparkrevier Schluft ein Stück weit wie ein Schlauch in Richtung Nordosten und formt in der Höhenlage zwischen Bergen mit 400 bis 650 m Höhe eine Mittelgebirgslandschaft mit prächtigen Hainsimsen-Buchenwäldern, in denen je nach Höhenlage auch Bergahorn, Eichen, Bergulmen, Eschen und Fichten anzutreffen sind. Ein Wald, der im Jahresverlauf vielerlei Gesichter zeigt. Unter den blattlosen Kronen sprießen am Anfang des Frühlings die Frühblüher hervor. Kurz darauf scheint der Buchenwald beim Austrieb des frischen Grüns vor Leben geradezu zu bersten. In der Sommerperiode ist das Blätterdach dann so dicht, dass es regelrecht dunkel wird. Im Herbst stellen die bunten Farben im Blätterdach alles wieder auf den Kopf. Hier jagt der Raufußkauz und brütet in verlassenen Spechthöhlen. Auch der Luchs wandert wieder durch das Unterholz, nachdem er vom Menschen bis zum Aussterben bejagt, Anfang der 2000er-Jahre wieder ausgewildert wurde. Die größte europäische Katze ist mittlerweile im Harz wieder heimisch und breitet sich sogar weiter in Norddeutschland aus. An die Buchenwaldhügel schließt sich in Richtung Nordosten fast ohne Übergang wieder ein von Fichten dominierter Wald an, der am Berg „Auf dem Acker“ in Vergemeinschaftung mit kargen Bergheiden gedeiht.

24

Immer wieder stößt man hier auf Felsklippen, die nicht selten wunderbare Ausblicke auf die umliegenden Hügel bieten.

24

→ **GPS Parkplatz**
51°41'23.74"N 10°21'29.40"E

→ **Tipps**
Baumhausübernachtungen sind in Osterode angesagt. www.resina-arts.de

→ Im Nationalparkhaus Sankt Andreasberg kann man sein Wissen um die Mittelgebirgswelt auffrischen. www.nationalpark-harz.de

→ Eine feine Wanderrunde im Laubwald führt über 9 km rund um das Dorf Lonau.

25 | Harz Bodeschlucht

Außerhalb des Nationalparks, gleich südlich von Thale, findet man die außergewöhnliche Schlucht der Bode, die sich hier zwischen Hexentanzfelsen und Blockhalden ihren Weg in das Mittelgebirge gegraben hat. Bereits 1937 wurde das Gebiet als Naturschutzgebiet „Bodetal im Harz" auf 475 ha unter Schutz gestellt. In den schattigen Schluchten stürzen auch mal Gesteinsbrocken herab, welche die Bäume stark beschädigen können. Die Fähigkeit von Sommerlinde, Bergulme und Esche, mit frischen Trieben direkt aus dem Stamme austreiben zu können, ist eine Stärke der Baumarten des Schlucht- und Hangmischwaldes. Auch Bergahorn und Eiche leben an den lichten Teilen der Hänge und krallen sich mit ihrem Wurzelwerk an die steilen Wände. An den sonnigen Oberhängen wachsen Winterlinden-Hainbuchenwälder und Eichentrockenwälder, die ebenfalls knorrige Baumgestalten hervorbringen. Auf den Felsgraten und Klippen blickt man auf einen Felsheide-Kiefernwald, dessen Stammformen mit japanischen Bonsais zu wetteifern scheinen. In den Monaten Mai und Juni zeigt sich die Mondviole mit ihren hell violett färbenden Blüten an den Hängen. Zu einem Besuch im Bodetal gehören natürlich auch seine tosenden Wasser, die mal in gemütlichen Stromschnellen und mal mit brodelnden Wasserfällen aufwarten. In seinen klaren Wassern tummeln sich Bachforellen. Am feuchten Talboden fühlen sich auch Feuersalamander und die Wasseramsel wohl. Über allem ragt der mächtige 403 m hohe Granitfelsen Rosstrappe auf, der gut 200 m tief senkrecht abfällt.

→ **GPS Parkplatz kostenpflichtig**
51°44'47.02"N 11°1'37.60"E

→ **Tipps**
Mitten in der Schlucht bietet der Gasthof „Königsruhe" an der Teufelsbrücke lokale Spezialitäten und Erfrischungen an. www.koenigsruhe.de

→ Die Seilbahnen-Thale-Erlebniswelt bietet vom Abenteuerspielplatz bis hin zur Seilbahn auf den Hexentanzplatz etwas für Groß und Klein. www.harzinfo.de

→ Die Naturwunder der Bode können auf einem 18 km langen Wanderweg genossen werden.

25

25

KAPITEL ZWEI

Wälder des Nordostens

Der Nordosten Deutschlands beherbergt unsere schönsten und wildesten Küstenwälder.

Der Nationalpark Darß erstreckt sich mit seinen dynamischen Kiefern- und Laubmischwäldern weit in die Ostsee hinaus, dorthin, wo schon so manches Schiff versunken ist. Mit viel Glück entdeckt man am feinen Sandstrand einen Seehund oder eine Kegelrobbe. Zum Nordosten gehört natürlich auch der Nationalpark Jasmund, dessen alter Buchenwald bis zur Kante der weißen Kreidefelsen wächst, stets gebeutelt von den Winden und dem salzigen Wasser der Ostsee. Rügen hat mit dem Märchenwald ein weiteres grünes Highlight zu bieten, mit seinem Tohuwabohu aus krummen und schiefen Stämmen. Auch die Insel Usedom beherbergt einen spektakulär gelegenen Kliffkantenwald, der vor dem Seebad Bansin über der Steilküste aufragt und Ausblicke bis nach Polen erlaubt. Der Gespensterwald von Nienhagen sorgt besonders bei den häufigen Nebelstimmungen für eine geisterhafte Atmosphäre. Doch nicht nur am Meer hat der Nordosten eine Menge zu bieten. Im Hutewaldrelikt „Ivenacker Tierpark" trifft man auf einen aktiven Hutewald mit der wohl massigsten Stieleiche der Welt. Der Kopfhainbuchenwald vom Jassewitzer Busch ist ebenfalls ein Relikt historischer Waldbewirtschaftungsformen und wartet mit einem verträumten Charme auf. Im Nationalpark Müritz haben Fischadler und Kraniche an den Ufern der vielen Seen ihr Zuhause.

Im Serrahner Teil des Parks wartet ein Gebiet mit großen Buchenaltbeständen auf, das sich frei entwickeln darf. Zu den schönsten und wertvollsten Buchenwäldern Deutschlands zählen die „Heiligen Hallen" mit 320 Jahre alten Buchenurväterbäumen.
In der stillen Schorfheide warten nicht weniger alte Eichen, dicke Kiefern und herbstlich bunte Roteichen ebenso wie der Buchenwaldschatz von Grumsin. Ein Netz aus Bächen und Kanälen prägt die faszinierenden Au- und Bruchwälder des Spreewaldes. In der Feldberger Seelandschaft umranden Buchenaltbestände blaue Seeaugen, über denen Schreiadler in der Luft kreisen. Die mittlere Elbe wird begleitet von ausgedehnten Auwäldern, in denen mit Misteln bewachsene Pappelriesen in den Himmel ragen und Silberweiden ihre langen, dünne Äste sanft im Wind schwingen lassen. Der Elbebiber darf hier sein Tagwerk verrichten. Im Sandkasten Brandenburgs erstrahlen die Stämme ausgedehnter Kiefernwälder im rötlichen Abendlicht. Sogar eine richtige Ritterburg, die Burg Rabenstein, findet man im Nordosten. Sie ist in einen wunderbaren Mischwald eingebettet, ebenso wie die Wüstungen, durch deren aufgegebene Siedlungsreste Wolfsrudel streifen. Eine Ansammlung wilder Wälder, die darauf warten, mit offenen Augen und Ohren entdeckt zu werden.

Nordosten

26 – 47

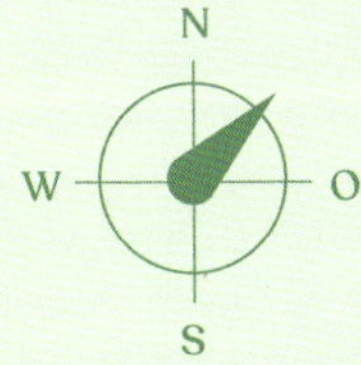

26 Nordwest-Mecklenburg Leonorenwald

27 Nordwest- Mecklenburg Jassewitzer Busch

28 Nienhagen Gespensterwald

29 Rostocker Heide

30 Nationalpark Vorpommersche Boddenlandschaft Darß

31 Rügen Märchenwald

32 Rügen Nationalpark Jasmund

33 Vorpommern-Greifswald Lanken

34 Usedom Steilküstenwald

35 Mecklenburgische Seenplatte Ivenacker Eichen

36 Müritz Nationalpark Hauptgebiet

37 Müritz Nationalpark Serrahn

38 Mecklenburgische Seenplatte Heilige Hallen

39 Feldberger Seenland

40 Schorfheide Groß Döllnersee

41 Schorfheide Kienhorst und Eichheide

42 Schorfheide Grumsin

43 Hoher Fläming Rabensteinwald

44 Hoher Fläming Wüstungswald von Schleesen

45 Mittelere Elbe Elbtalaue

46 Spreewald

47 Spreewald Lieberoser Heide

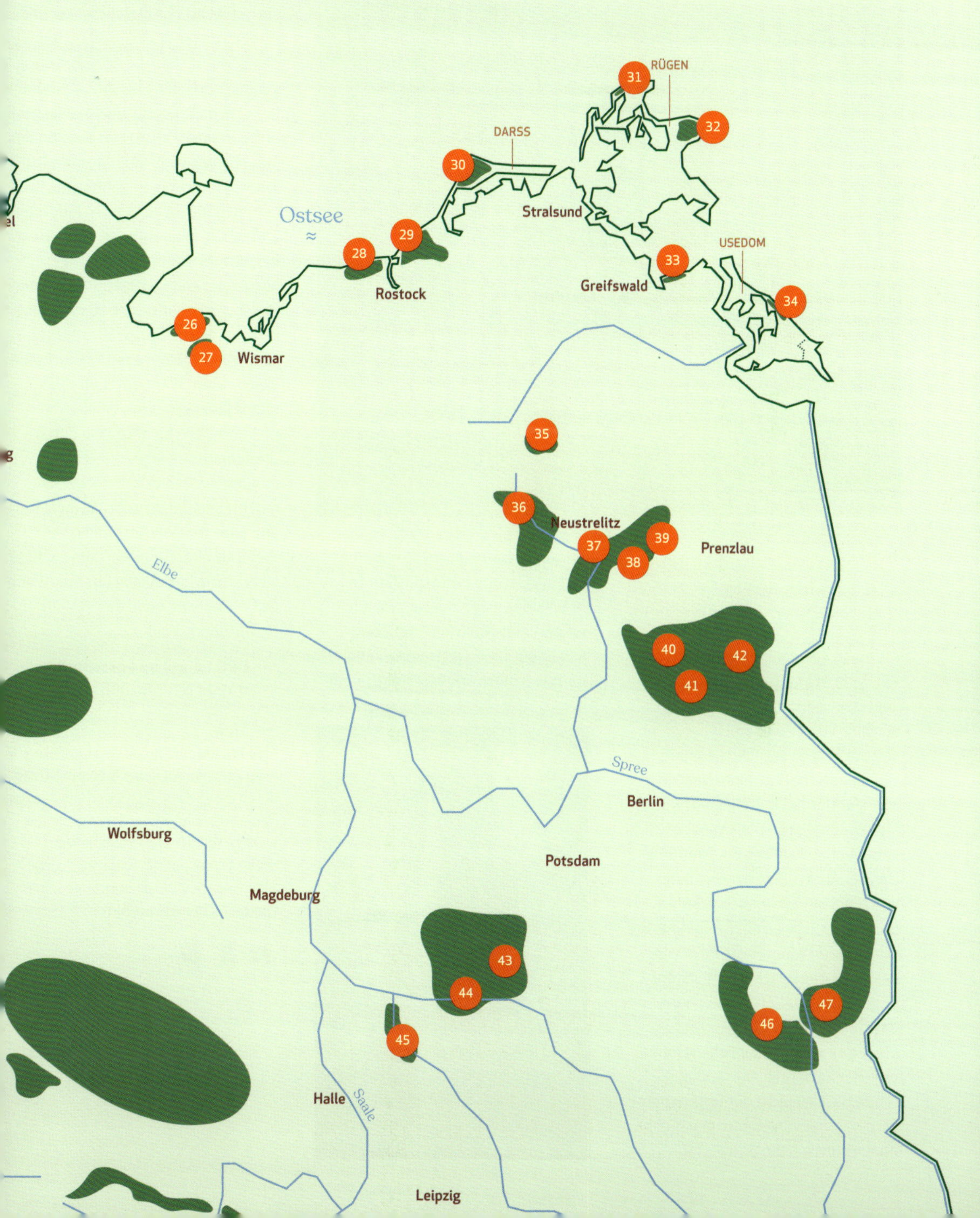

RÜGEN
31
32
DARSS
30
Ostsee
Stralsund
29
28
Rostock
33
USEDOM
Greifswald
34
26
27
Wismar
35
36
Neustrelitz
37
39
38
Prenzlau
Elbe
40
42
41
Spree
Berlin
Wolfsburg
Potsdam
Magdeburg
43
44
47
45
46
Halle
Saale
Leipzig

26

26 | Nordwest-Mecklenburg Leonorenwald

Als eines der wenigen größeren Waldgebiete im Klützer Winkel liegt der Leonorenwald 20 km nördlich von Grevesmühlen in einer von der Eiszeit zurückgelassenen Hügellandschaft im Nordwesten Mecklenburgs. Überwiegend wächst hier Waldmeister- und Hainsimsen- Buchenwald des Flachlandes. Das bedeutet, dass der Besucher im Frühjahr an so mancher Stelle Blütenteppiche im noch unbelaubten Wald finden kann. Farbtupfer wie das Weiß des Buschwindröschens, das Violett des Leberblümchens und das Gelb des Scharbockskrautes stechen aus der bräunlichen Bodenoberfläche heraus. Die dominierende Baumschicht der Rotbuchen wird ergänzt von stämmigen Eichen, bemerkenswerten Spitz- und Bergahornbäumen sowie hohen Eschen. Gerade im nördlichen Teil des Waldes stößt man aber auch auf Lärchen-, Fichten- und Douglasienbestände. Mittendrin kann man zwei mächtige Mammutbäume entdecken. Trotz ihres geringen Alters von etwa 75 Jahren erreichen sie beträchtliche Durchmesser und Höhen von gut 40 m. In ihrer Heimat, den USA, werden die dort Redwood genannten Bäume bis zu 84 m hoch und 11 m dick. Um zu wissen, wie groß diese Bäume bei uns werden können, müsste man wohl noch weitere 1000 Jahre warten, bis sie ihr natürliches Lebensende erreichen. An moorigen und feuchten Standorten finden wir eingestreute, naturnahe Erlenbruchwälder. Im Waldgebiet und an seinem Rand zeigen außerdem Hünengräber und wendische Burgwälle, dass hier schon in der Bronzezeit Menschen aktiv waren. Wer dem Buntspecht beim Hämmern zuhören, dem Eichhörnchen beim Turnen durch die Kronen zusehen oder ein Reh im Jungwuchsdickicht entdecken möchte, der ist im Leonorenwald am richtigen Ort. Am nördlichen Waldrand wartet außerdem ein Aussichtsturm, der Blicke über die weite Ostsee gewährt und das Walderlebnis abrunden kann.

26

→ GPS Parkplatz kostenpflichtig
53°58'39.74"N 11°5'50.14"E

→ Tipp
Eine Wanderung durch den Leonorenwald kann vorzüglich mit einem Schlag durch die südlich gelegenen Wiesen und Felder verbunden werden, aus denen winzige Wälder wie Inseln hervorragen. Dabei passiert man auch den Schlosspark von Kalkhorst mit seinem vortrefflichen Arboretum.

27 | Nordwest-Mecklenburg Jassewitzer Busch

Gleich nordwestlich des kleinen Dorfes Jassewitz im Nordwesten Mecklenburg-Vorpommerns, 7 km östlich von Grevesmühlen, wartet ein im Bundesland einmaliger Wald aus Hainbuchen. Seine bis zu 250 Jahren alten Stämme bilden knorrige Charakterköpfe, die auf der mittelalterlichen Niederwaldwirtschaft bäuerlicher Gemeinschaftswälder zur Gewinnung von Laubheu beruhen. Wegen ihrer Fähigkeit, aus dem Stamm wieder auszutreiben, ist die Hainbuche gut geeignet für die dafür notwendigen kurzen Nutzungsintervalle von drei bis vier Jahren, die im Bestand als Kopfscheitelung, also in etwa 2 m Höhe durchgeführt werden. Dabei werden die Bäume bereits vor der Laubfärbung beerntet. Die belaubten Ruten wurden anschließend gebündelt und getrocknet und als Winterfutter für das Vieh verwendet. Eine besondere Freude ist ein Besuch im Herbst, wenn sich die bodennahen Wipfel des Geästes in einem leuchtend gelben Mantel präsentieren. Eingebettet in eine hügelige Moränenlandschaft, ist auch der Rest des insgesamt 22 ha großen Jassewitzer Waldes, auf dem man alte Buchen und Eichen entdecken kann, einen Blick wert.

→ GPS Parkplatz
53°52'41.55"N 11°18'4.24"E

→ Tipp
Wer nicht gern über Schotterwege fährt, parkt in Jamel oder Jassewitz und kann somit den Spaziergang auch um ein paar Kilometer verlängern (8 km).

27

28

28 | Nienhagen Gespensterwald

Schaurig schön ist das als Gespensterwald bekannt gewordene 180 ha große Nienhäger Holz an der Steilküste westlich des Ortes Nienhagen, das bereits 1943 zum Naturschutzgebiet erklärt wurde. Der von bis zu 180 -jährigen Buchen dominierte Bestand, in dem auch Eichen, Hainbuchen, Berg- und Spitzahorn sowie Eschen wachsen, stockt auf einer Grundmoräne, einem einst vom abgetauten Gletschereis zurückgelassenen Schutthügel. Sein besonderes lockeres Material ist für die Sturmwellen der Ostsee eine leichte Beute, was zum besonderen Aussehen des Bestandes geführt hat. Die einst im Dichtschluss des Buchenwaldes aufgewachsenen Bäume wurden Schritt für Schritt durch den fortschreitenden Küstenabbruch von durchschnittlich 25 cm Steilküste pro Jahr freigestellt. Ihre Stämme haben aus diesem Grund kaum Äste im unteren Stammbereich aufzuweisen. In Ostseenähe bietet sich daher ein majestätisches Bild von lichten Buchensäulenhallen. Ist man bei Nebel unter dem Dach der silbergrauen Stämme unterwegs, kommen unweigerlich gespenstische Assoziationen auf, die so manchem Gruselfilm gut anstünden. Unterhalb des Gespensterwaldes brüten in den Steilkanten Schwärme von Uferschwalben. In dem wilden Durcheinander von ausgewaschenen Steinen am Spülsaum kann der Besucher nach Fossilien wie Seeigeln oder auch Bernstein Ausschau halten. Möwen und Rabenkrähen nutzen gern den Aufwind, der an der Steilküste entsteht, um ihre Kreise am Himmel zu drehen.

28

→ **GPS Parkplatz**
54°9'27.67"N 11°56'36.20"E

→ **Tipps**
Das Ostseebad Nienhagen lädt dazu ein, ins Meer zu springen.

→ Wanderer verbinden einen Besuch des Gespensterwaldes gern mit einer Tour zum 4 km entfernten und ebenfalls bewaldeten Kliff Stoltera in Richtung Warnemünde.

29 | Rostocker Heide

Ihrem Namen zum Trotz ist die Rostocker Heide das größte zusammenhängende Waldgebiet an der gesamten deutschen Küste. Einst von der Stadt Rostock zur Stillung ihres Holzhungers für den Bau von Schiffen und Häusern sowie zu jagdlichen Zwecken erworben, sind bis heute 5177 ha Wald am Rande der Ostsee erhalten geblieben. Aufgrund des sandigen Bodens findet man auf dem überwiegenden Teil (53 %) der Fläche Nadelwälder, die vom Menschen angepflanzt worden sind, wobei die Kiefer überwiegt. In der Heide sind aber auch noch die natürlichen Hainsimsen- und Waldmeister-Buchenwaldgesellschaften sowie Eichen-Hainbuchenwälder vertreten. Die schönsten Bestände kann man wohl im direkten Kontakt mit der Küste entdecken. Zu den Füßen von Buchen und Kiefern mit vom Wind zerzausten Kronen erstreckt sich ein kilometerlanger einsamer Sandstrand. Vereinzelt finden sich auch ältere Eiben und sogar Elsbeeren in den Beständen. Eingebettet in den Wald sind außerdem große Moor- und Schilfflächen, wie das Hütelmoor am Heiligensee und rund um den Radelsee, die von Au- und Moorwaldgesellschaften mit Erlen, Birken und Weiden begleitet werden. Im Herbst röhrt das Rotwild im Wald, und riesige Wolken von Staren vollführen kunstvolle Flugmanöver über den Heideflächen. Kraniche brüten in den stillen Teilen des Waldes. Entlang der kleinen Wasserläufe ist der Eisvogel heimisch. Salzwiesen bereichern die Vielfalt an Lebensräumen zusätzlich. Wer an warmen Sommertagen kommt, spürt die frische Seeluft, die in den Wald hineinweht.

→ **GPS Parkplatz kostenpflichtig**
54°11'40.05"N 12°8'33.15"E

→ **Tipps**
Einsame Stände motivieren dazu, auch die Badehose in den Rucksack zu packen.

→ Zahlreiche Wanderwege durchziehen das Waldgebiet. Am schönsten ist eine Kombination aus Strandwanderung mit einem langen Abstecher in die Tiefen des Waldes, wie zum Beispiel auf einem Rundweg von Markgrafenheide zum Rosenort, ca. 9 km.

30

30 | Nationalpark Vorpommersche Boddenlandschaft Darß

Der Darßer Weststrand kleidet sich mit einem wilden, 5000 ha großen Küstenwald, der zum Nationalpark Vorpommersche Boddenlandschaft gehört und im äußersten Norden der Halbinseln Fischland-Darß-Zingst liegt, genau zwischen Rostock und Stralsund. Einst Jagdgebiet schwedischer und deutscher Monarchen sowie des Politbüros der DDR, blieb der Wald relativ natürlich. Seine Entstehung und weitere Entwicklung ist von einer außergewöhnlichen Küstendynamik geprägt. Durch die Kraft von Wellen, Wind und Strömung verfrachtet die Ostsee hier stetig große Sandmassen. Dabei entstehen neue Landschaften mit wallartigen Dünenzügen (Reffen) und Tälern (Riegen), die in Ost-West-Richtung verlaufen. Anfangs besiedelt von salztoleranten Pionierpflanzen, später erobert von Sträuchern und schließlich auch von Bäumen, findet man auf den trocknen und nährstoffarmen Erhebungen alter Dünen vor allem Kiefern und Blaubeersträucher. Dort, wo die Buchen mit ihren Wurzeln im Boden Muschelkalkschichten erschließen können, stocken auch sie, ganz unerwartet, mitten in den Dünen. In den Tälern zwischen den ehemaligen Dünen, wo sich oft das Regenwasser staut und zu Überschwemmungen führt, trifft man dagegen auf Bruchwald mit Erlen und Birken. Weiter vom Ufer der Ostsee entfernt ist die Bodenhumusbildung fortgeschrittener, sodass sich hier vermehrt Buchen und Eichen ausbreiten. Der Boden im Darß-Wald wird auf großen Flächen vom Adlerfarn eingenommen, was ihm stellenweise das Aussehen romantischer Idealbilder von Urwäldern gibt, wie man sie auf alten Gemälden finden kann. Besonders beeindruckend sind die windgebeugten Kiefern und Buchen, die sich in Strandnähe befinden, die Wunden und Narben vom Kampf mit den Elementen zurückbehalten haben. Diese sogenannten Windflüchter flankieren einen perfekten, weißen Sandstrand, auf dem abgestorbene Baumstämme von der Brandung umspült werden. Im vielfältigen Lebensraum können Besucher vom Schweinswal über Watvögel, wie Sanderling, Knutt und Zwergstrandläufer typische Meeresuferarten beobachten. Im Wald hört man die Stimmen von Spechten, Eichelhähern und Waldkauzen oder sieht den Dachs durchs Unterholz huschen. Im schilfreichen Brackwasser des Boddens leben neben Fischotter und Seeadler auch Teichrohrsänger, Bartmeise und Drosselrohrsänger. Berühmt ist der Darß aber vor allem für die großen Kranichzüge im Herbst sowie die Brunft des Rotwildes in den Dünen. Einen guten Überblick erhält man von der Aussichtsplattform des 1848 erbauten, aber noch in Betrieb befindlichen Leuchtturms vom Darßer Ort.

30

→ GPS Parkplatz kostenpflichtig
54°27'7.59"N 12°33'12.23"E

→ Tipps
Der einfache Rundwanderweg Darßer Ort führt über knapp 5 km zum Leuchtturm und kann ohne Probleme auch 20 km ausgedehnt werden. Noch romantischer sind die regelmäßig verkehrenden Pferdekutschen.

→ Das Natureum im Leuchtturm informiert als Außenstelle des Meeresmuseums in Stralsund die Tier- und Pflanzenwelt des Nationalparks. www.natureum-darss.de

31 | Rügen Märchenwald

An der Nordspitze der Insel Rügen findet man in der Nähe des Dorfes Nonnevitz ein Wäldchen, das Romantiker zum Träumen einlädt. Das Waldstück ist ein weitgehend forstlich geprägter Mischwald, der mit natürlichen Buchenbeständen, aber auch Nadelholzflächen aus Fichte und Kiefer aufwarten kann. Der gesamte westliche Teil ist außerdem eine Art Campingplatzwald, den Familien gern als Urlaubsbasis nutzen. Ein wirklich außergewöhnlicher Uferbestand befindet sich dagegen im östlichen Teil des Waldstückes. Die Steilkante hier ist im Gegensatz zum Nationalpark Jasmund direkt den häufigen Stürmen aus der Hauptwindrichtung West ausgesetzt. Dass ist vielleicht die beste Erklärung dafür, warum die Bäume hier in einem etwa 50 bis 100 m breiten Saum in Ufernähe allesamt mit schlangenartig verdrehtem Geäst in Haken- oder Bogenform wachsen. Die häufigen Nebelstimmungen machen es leicht, die knorzigen Bäume mit etwas Fantasie in Märchengestalten zu verwandeln. In der Mehrzahl handelt es sich um Buchen. Doch auch die eingestreuten Kiefern, Pappeln, Linden und Ulmen haben ähnlich kuriose Formen aufzuweisen.

→ **GPS Parkplatz**
54°40'9.58"N 13°19'41.60"E

→ **Tipps**
Eine Wanderung im Wald lässt sich gut mit einer ca. 16 km langen Strand- und Küstenwanderung zum berühmten Kap Arkona hin und zurück verbinden.

→ Der östliche Teil des Waldes hat die schönsten Sandstrände zu bieten und lädt zum Baden ein.

32 | Rügen Nationalpark Jasmund

Der Nationalpark Jasmund ist mit 3000 ha der kleinste Nationalpark Deutschlands und liegt im Nordosten der Insel Rügen zwischen Lohme und Saßnitz. Sein größter Schatz sind 2100 ha Buchenwald mit bis zu 250 Jahre alten Bäumen. Der Wald ist berühmt für seinen Kontrast zwischen den weißen Kreidefelsen, dem Grün der Buchenkronen und der von der ausgewaschenen Kreide türkis gefärbten Ostsee. Durch eine erste Holzordnung im 16. Jahrhundert erhielt der Jasmunder Wald bereits einen gewissen Schutzstatus. 1990 kam die Ernennung zum Nationalpark. Der älteste Bereich des Buchenwaldes gehört auch zum UNESCO-Weltnaturerbe Alte Buchenwälder. Auf den kalkhaltigen Kreideböden stocken hauptsächlich

32

32

Waldgersten- und Orchideen-Buchenwaldgesellschaften. Beide zeichnen sich durch eine hohe Artenzahl in der Krautschicht aus, mit zahlreichen Frühjahrsgeophyten und seltenen Orchideenarten wie dem Frauenschuh. In der von der Buche dominierten Baumschicht sind auch Vogelkirschen, Berg- und Spitzahorn und vereinzelt sogar Elsbeeren oder Holzbirnen zu entdecken. Im dichten Wald brütet der seltene Zwergschnäpper. Der Park wird durchzogen von kleinen Bachtälern, die sich mitunter als tief ausgewaschene Schluchten zeigen und mit kleinen Wasserfällen auf den Strand der Ostsee stürzen. In den Moor- und Quellgebieten stößt der Besucher auf feuchtigkeitsliebende Eschen und Erlen. Feuchte mag auch die bedrohte Rotbauchunke. Die 70 Millionen Jahre alten Kreidefelsen zeigen sich als durchgehende, mitunter mehr als 100 m hohe Wand, die aufgrund dynamischer Prozesse wie Ostseewellen, Regen, Wind und frostbedingter Erosion ständigen Veränderungen ausgesetzt ist und immer wieder in Teilen abbricht. Die abgebrochenen Schichten werden dann schnell vom Ostseewasser aufgelöst. Zurück bleiben schmale Feuersteinstrände mit einigen großen Findlingen. Im Aufwind der Felsen gleiten Seeadler und Wanderfalken umher. Uferschwalben bohren ihre Nistlöcher direkt in diese Wände. Außerdem kann man im Park zahlreiche aus der Bronzezeit stammende Burgwälle und Hügelgräber entdecken. Mit dieser vielfältigen Mischung ist der Jasmund-Wald nicht nur einer der wertvollsten Buchenwälder des Landes, sondern auch einer der schönsten.

→ GPS Parkplatz kostenpflichtig
54°31'17.54"N 13°39'7.01"E

→ Tipps
Bei Prora kann man auf einem Baumwipfelpfad einen ähnlichen Buchenwald aus der Vogelperspektive betrachten.
www.baumwipfelpfad-baumkronenpfad.de

→ Das Nationalparkzentrum informiert über den Wald.
www.nationalpark-jasmund.de

→ Auf den knapp 13 km entlang des Hochuferweges kann man die spektakuläre Natur entdecken und kommt leicht mit dem Bus zurück. Achtung! Die Felsen sind abbruchgefährdet, unterhalb, ebenso wie an der Steilkante, ist deshalb besondere Vorsicht geboten.

33 | Vorpommern-Greifswald Lanken

Entlang der großen Boddenflächen der Ostseeküste gibt es auf der Festlandseite nur sehr wenige Waldstücke, die direkt ans Wasser grenzen. Eines davon ist das Naturschutzgebiet Lanken, das 16 km nordöstlich von Greifswald entfernt am Greifswalder Bodden liegt. Einige Jahrhunderte zuvor zeigte sich der Lanken noch als ein flacher Strandsee, der später, der Dynamik von Wind, Wasser und Sand ausge-

33

setzt, langsam verlandete und sich zu Wald entwickelte. Der Mensch wandelte den Wald dann zu einem Weidewald um, was sich noch heute an einigen kräftigen Huteeichen erkennen lässt. 57 ha Boddenwald sind heute als Naturschutzgebiet ausgewiesen, in dem sich die Wildnis eigenständig ausbreiten darf. Am Boddenufer prägt ein herrlich offener Küstendünen-Kiefernwald das Bild, der ein wenig an skandinavische Ostseewälder erinnert. Auf der Landseite stockt ein Birken-Stieleichenwald in dem auch Fichten und Douglasien wachsen. Außerdem gibt es kleine Anteile mit naturnahem Erlenbruchwald und Eschen-Buchenwald, in dem Waldhyazinthe und Siebenstern gedeihen. Wer im Sommer nachts unterwegs ist, kann hier mit etwas Glück Glühwürmchen leuchten sehen. Waldschnepfe, Waldkauz und Seeadler beleben das Waldhabitat am Boddenufer.

→ GPS Parkplatz kostenpflichtig
54°6'47.16"N 13°28'58.24"E

→ Tipps
Eine gut 5 km lange Wanderung führt vom Strandparkplatz durch das Waldstück am Boddenufer entlang und zurück durch die weite Feldmark.

→ Am seicht abfallenden Strand kann gebadet werden.

34 | Usedom Steilküstenwald

Zwischen den Seebädern Koserow und Bansin begleitet ein knapp 13 km langes maritim geprägtes Waldband die Ostseeküste. Zwar finden sich mittendrin eingestreute Waldcampingplätze und Sanatorien, doch auf weiten Strecken wirkt der Wald entlang des Küstenabschnitts mit seinen hohen Steilküsten, den kleinen Waldseen und weißen Sandstränden wie ein kleines Paradies. Ein herausragender Waldabschnitt entwickelt sich am Streckelsberg bei Koserow. Hier wachsen auf einer 58 m hohen Kliffranddüne 180-jährige Buchenrecken. Direkt an der Kante wuchern charaktervolle Kiefern. Ein ähnlich schöner Waldmeister-Buchenwald

34

reckt sich am Langen Berg bei Bansin über die Kliffkante. Wenn mit dem Frühjahr der Waldboden von der Sonne erwärmt wird, erscheinen hier überall Frühjahrsblüher wie Leberblümchen und Buschwindröschen. Der Blick von der Steilküste reicht bis zur einsamen Insel Greifswalder Oie und hinüber nach Rügen. Im stillen Waldinneren wachsen auch forstlich geprägte Fichten- und Kiefernbestände. Dort verbirgt sich aber auch der Mümmelkensee, der keinen Abfluss hat und von Moorbirken, Kiefern und Schwingmoorflächen umrandet wird. In seinem nährstoffarmen Milieu wachsen Wollgras und Sumpfporst. Schwingmoorflächen besiedeln auch das

34

Naturschutzgebiet Wockninsee, in dem die Europäische Sumpfschildkröte und Amphibien wie Springfrosch und Teichmolch vorkommen und Kraniche brüten. Auf der dem Meer abgewandten Seite kann der Besucher von Schilf, Weiden und Erlen umrahmte größere Seen entdecken und auch See- und Fischadler beobachten.

⟶ GPS Parkplatz
53°58'49.29"N 14°5'44.40"E

⟶ Tipps
Im Nachbarwald, auf der der Ostsee abgewandten Seite, wartet einen Baumkronenpfad auf Besucher. www.baumwipfelpfade.de/usedom/

⟶ Vielfältige Bademöglichkeiten in der Ostsee, in Binnenseen oder auch im Bodden locken Besucher zusätzlich an.

⟶ Am Strand hin und im Wald zurück ist eine hervorragende Wanderung an dieser Steilküste, ca. 10 km.

35 | Mecklenburgische Seenplatte Ivenacker Eichen

Der Ivenacker Tiergarten liegt 2 km nördlich von Stavenhagen und ist nicht nur ein Tierpark, sondern ein lebendes Stück Geschichte, in dem die Bewirtschaftung eines mittelalterlichen Hutewaldes aufrechterhalten wird. Die Glanzstücke des Parks sind seine uralten Eichen, die zu den ältesten Deutschlands gehören und auf 800 bis 1000 Lebensjahre geschätzt werden. Die mächtigste der Ivenacker Eichen hat eine Höhe von 35,5 m und einen Stammumfang über 11 m. Bei einem Holzvolumen von 140 m³ gilt sie als größte Stieleiche der Welt. Darüber hinaus kann der Besucher zahlreiche weitere hünenhafte Eichen im 180 ha großen Hutewaldgebiet entdecken. Als die Eichen vor 800 Jahren keimten, war Waldweide mit Schweinen, Rindern, Schafen, Ziegen und Pferden noch eine übliche Bewirtschaftungsform.

Gegen Mitte des 19. Jahrhunderts wurden fast alle Wälder in Hochwälder überführt. Der Hutewald „Ivenacker Eichen" hat die Tatsache, dass er Teil des Schlossparks von Schloss Ivenack war und dort eine Dammwildherde zum Jagen gehalten wurde, vor diesem Schicksal bewahrt. Auch heute noch weiden hier Dammwild und Schafe. Die Eichen wurden als Nationales Naturmonument ausgezeichnet, auch weil sie Lebensraum für eine Vielzahl von Tieren sind. Eulen und Waschbären leben in den Hohlräumen der Bäume.

→ GPS Parkplatz kostenpflichtig
53°43'0.26"N 12°57'6.82"E

→ Tipps
Ein Baumkronenpfad schlängelt sich zwischen den Eichen durch das Kronendach: www.wald-mv.de

→ Die dicken Eichen und der Ivenacker See können auf einer 8 km langen Strecke umrundet werden.

36 | Müritz Nationalpark Hauptgebiet

Im südlichen Teil der Mecklenburgischen Seenplatte breitet sich der 1990 eröffnete Müritz Nationalpark am östlichen Ufer des größten Binnensees Deutschlands aus. Der an die Müritz grenzende Teil ist das größere der beiden Teilgebiete. Die Landschaft wird hier von Wald, großen Seen, Mooren und Flussläufen bestimmt. Die Ufer der Seen sind ummantelt von ausgedehnten Schilf- und Röhrichtflächen, in denen Rohrdommel, Rohrweihe und Bartmeise leben. Bittersüßer Nachtschatten, Sumpf-Labkraut und Ufer-Wolfstrapp wachsen hier ebenfalls. Im Winter rasten auf den Seeflächen größere Schwärme von Sing- und Zwergschwänen, aber auch einzelne Zwergtaucher. Das Ostufer der Müritz bilden große naturbelassene Niedermoore, die sich mit einem Mosaik aus Moorwäldern mit Kiefern und Birken sowie angrenzenden Erlenbruchwäldern verbinden. Der Anteil der Buchenwälder ist in diesem Teil des Nationalparks relativ gering. Stattdessen herrschen ausgedehnte Kiefernforste und Birken-Kiefernwälder vor, die sich in der Renaturierung befinden. Ähnlich geht es auch den Flächen, die bis in die Anfangszeit des Nationalparks als sowjetischer Truppenübungsplatz dienten. Fast wie in einem Labor kann man hier die natürliche Wiedereroberung offener Flächen durch die Natur beobachten, die zunächst mit Gräsern und Sträuchern beginnt und über Pionierbaumarten wie Birken, Kiefern und Pappeln

36

fortgesetzt wird. Später wandern Eichen in die lichten Bestände ein. Am Ostufer der Müritz steht ein 160 Jahre alter Stieleichen-Kiefernwald, der in seiner Entwicklung weiter ist und deswegen Zwischenwald genannt wird. Hier beginnt bereits die Buche einzuwandern, was am Ende der natürlichen Sukzession wohl in einem Buchenwald münden wird. Außerdem finden wir Hutewaldreste und Wacholderheiden im Park, die aufrecht erhalten werden, um seltene Arten wie den Baltischen Enzian und das Kleine Knabenkraut zu fördern.

→ GPS Parkplatz
53°22'17.84"N 12°46'34.85"E

→ Tipps
Ein Besuch im Nationalparkzentrum mit dem größten Süßwasseraquarium des Landes ist nicht nur für Familien interessant. www.mueritzeum.de

→ Die Auswahl der Wanderwege ist groß. Eine der schönsten Touren führt der Länge nach auf ca. 24 km von der Boeker Mühle bis nach Waren.

→ Einige der Seen bieten traumhafte Badeplätze.

37 | Müritz Nationalpark Serrhan

Das Teilgebiet Serrahn des Müritz Nationalparks liegt etwa 4 km östlich von Neustrelitz in einer welligen Endmoränenlandschaft, in die auch zahlreiche Seen und Moore eingebettet sind. Knapp 270 ha seiner Fläche gehören zum UNESCO-Weltnaturerbe Buchenwald und sind dem Waldmeister-Hainsimsen, dem Traubeneichen-Buchenwald und als lokale Besonderheit auch dem Kiefern-Buchenwald zuzuordnen. Die mächtigsten Buchen und Eichen hier sind mittlerweile über 200 Jahre alt. Unter den Herzögen von Mecklenburg-Strelitz und den Staatsoberen der DDR war das Gebiet lange Zeit aus jagdlichen Gründen von der geregelten Fortwirtschaft ausgenommen, sodass sich hier naturnahe Bestände entwickeln konnten. Eine offizielle Einstellung der Bewirtschaftung erfolgte erst vor 50 Jahren mit der Ausweisung als Naturschutzgebiet. Mit der Eingliederung in den Nationalpark 1990 wurde der Status des Gebiets dann gänzlich zementiert. Umgestürzte Bäume und abgerissene Äste bleiben seitdem am Waldboden liegen. Pilze wie Zunderschwamm, Buchenschleimrübling und Buchenkreisling siedeln auf den Baumskeletten. In den von Moosen und Flechten überzogenen

Beständen fanden Wissenschaftler 859 Käferarten und 61 Spinnenarten, darunter der seltene Totholzkäfer Eremit. Das größte Areal im Serrahner Buchenwald befindet sich allerdings noch in seiner Optimalphase mit weitgehend gesunden und vitalen Buchenriesen. Erst in der anschließenden Alters- und Zerfallsphase kommt es dann zu beschleunigten Absterbeerscheinungen, die wiederum vermehrt Kleinstrukturen als Lebensraum für die Tierwelt schaffen. Eine Besonderheit sind die vielen Seen und Moore, die von Moor- und Bruchwäldern sowie ausgedehnten Schilfgebieten begleitet werden. An ihren Ufern finden sich Horstbäume der Fisch- und Seeadler. Der Schmalbindige Breitflügel-Tauchkäfer findet im klaren Wasser ebenso einen Lebensraum wie die Bauchige Windelschnecke und die Fischarten Steinbeißer und Schlammpeitzger. Wer im Serrahner Teil des Parks unterwegs ist, wird begeistert sein von der Dynamik des hiesigen Waldes.

37

→ GPS Parkplatz
53°21'41.26"N 13°10'28.93"E

→ Tipp
Ein 8 km langer Walderlebnispfad führt von Zinow zum Infozentrum Serhan. Wer einen Abstecher zum faszinierenden Schweingartensee einplant, kann die Wanderung deutlich verlängern.

38 | Mecklenburgische Seenplatte Heilige Hallen

Der Tiefland-Waldmeister-Buchenwald „“ ist seit 1938 als Naturschutzgebiet ausgewiesen und liegt im Landkreis Mecklenburgische Seenplatte, 3 km westlich von Feldberg. Er gilt als einer der ältesten Buchenwälder in Deutschland. Bereits im Jahr 1850 hatte ein Erlass des Großherzogs von Mecklenburg Strelitz verfügt, diesen Wald „für

38

38

alle Zeit zu schonen". Da die Buchen zu diesem Zeitpunkt bereits ein Alter von 150 Jahren aufwiesen und einen hallenartigen Bestand mit hohen, grauen Säulen bildeten, wurde das Gebiet „Heilige Hallen" getauft. Diese hallenartige Struktur hat sich mit dem Eintritt in die Alters- und Zerfallsphase langsam aufgelöst und wurde durch ein strukturreiches Mosaik aus Altbaumgruppen, Verjüngungsflächen und bereits wieder nachwachsenden mittelalten Buchen ersetzt. Die ältesten Bäume sind etwa 320 Jahre alt und wahre Giganten. Mit Höhen von annähernd 50 m und Durchmessern von bis zu 150 cm erreichen sie Dimensionen, wie man sie sich in Buchenurwäldern vorstellen könnte. Der Wald hat einen vollständigen Durchlauf einer natürlichen Waldzerfallsphase durchlebt und damit eine besonders lange Habitattradition aufzuweisen, etwas, das man in Deutschland sonst kaum findet. Kein Wunder, dass man hier besonders viele Urwaldreliktarten, wie zum Beispiel extrem seltene Schnell- und Pochkäfer, entdeckt hat. Auf den langsam vermodernden Stämmen kann man auch die weißen Kolonien des Ästigen Stachelbartes finden, der im Aussehen einer weißen Koralle gleicht. Sogar der Weißrückenspecht, der in Brandenburg lange als ausgestorben galt, wurde hier schon gesichtet. Aufgrund des großen Artenreichtums könnte man die Heiligen Hallen als die Arche Noah unter den Tieflandbuchenwäldern bezeichnen.

→ GPS Parkplatz
53°20'1.37"N 13°22'21.67"E

→ Tipp
Am Waldrand bei Lüttenhagen gibt es ein Waldmuseum und ein Arboretum. Hier ist auch der Ausgangspunkt für eine Rundwanderung von 6 km Länge, die auch mitten durch die „Heiligen Hallen" führt.

38

39 | Feldberger Seenland

Klare Seen mit türkisen Wasserfarben, die umrandet werden von einem Mantel aus Buchenwäldern und Schilf, erwarten den Besucher im Feldberger Seenland 25 km östlich von Neustrelitz. Wie kleine Waldfjorde erscheinen die nährstoffarmen Klarwasserseen Breiter und Schmaler Luzin mit ihren bis zu 40 m hohen Steilufern. Hier leben Armleuchteralgen, die nur in sehr sauberen, nährstoffarmen Gewässern vorkommen können und Zeiger für eine hervorragende Wasserqualität sind. In den Tiefen des Sees schwimmt die seltene Maräne, die mit den Lachsen verwandt ist. Alte Horstbäume bieten See- und Fischadlern ein Revier. Sogar der extrem seltene Schreiadler kann hier gesichtet werden. Die zahlreichen Bachläufe wie das Mühlenfließ werden von Erlenbruchwäldern begleitet. Sie sind wahre Paradiese für Fischotter und Biber. Dort, wo sie ungestört das Wasser aufstauen können, entstehen neue

39

39

Teiche und Kleinseen, die wiederum Lebensraum für Libellen, Schmetterlinge, Käfer, Frösche und im Schilf lebende Vogelarten schaffen. Das urigste Waldgebiet befindet sich wohl im weglosen Naturschutzgebiet des Conower Werder, das im südöstlichen Teil des Carwitzer Sees liegt und seit knapp 40 Jahren aus der Nutzung genommen worden ist. Altbuchenbestände mit konzentrierten Totholzansammlungen sind der Grund dafür, dass hier zwölf Urwaldreliktarten unter den Holzkäfern wie zum Beispiel Aeletes atomarius gefunden worden sind. Auf der Halbinsel wächst auch das Waldvöglein und der Breitblättrige Stendelwurz mit seinen längsgestreiften Blättern. Beide gehören in die Familie der Orchideen. Eisvögel nutzen umgekippte Bäume als Sitzwarten für ihre Jagd. Im Inneren des Waldes singt der Zwergschnäpper, ein Zaunkönig-großer Vogel, der alte hallenförmige Wälder mit Verjüngungslücken bevorzugt.

→ GPS Parkplatz
53°17'46.49"N 13°25'43.80"E

→ Tipps
Auf Falladas Fridolinwanderung kann man die Waldufer des Schmalen Luzins und des Carwitzer Sees auf einer 10 km langen Runde verbinden.

→ Zahlreiche Badestellen versüßen den Aufenthalt in den Wäldern.

40 | Schorfheide Groß Döllnersee

Das Fauna-Flora-Habitat-Gebiet Döllnfließ befindet sich im Norden der Schorfheide. Zwischen den dicht bewaldeten, welligen Hügeln, eine Landschaft, deren Kontur von der letzten Eiszeit herrührt, findet sich eine Kette aus größeren und kleineren Seen. Dazu gehören auch der Großdöllnersee und Wuckersee, die zwar mehrere Kilometer lang, aber nur wenige Hundert Meter breit sind. Die natürlich vorkommenden Hainsimsen-Buchenwälder und bodensauren Eichenwälder sind auf großen Flächenanteilen von Kiefernforsten überprägt. Besonders in Seenähe stocken aber ausgespro-

40

chen schöne Wälder mit urigen Kiefernriesen. Einige Individuen zeigen große Kerben. Ein untrügliches Zeichen dafür, dass hier während der DDR-Zeit durch V-förmiges Anritzen des Stammes das Harz zum Fließen angeregt und anschließend in einem Behälter gesammelt wurde. Verwendung fand der Rohstoff Harz zum Beispiel in Farben, Klebstoffen, Pharmazeutika und Munition. Tiefer im Wald stehen auch immer wieder einzelne alte Eichen und Buchen, die wohl Relikte einer historischen Hutewaldwirtschaft sind. Am Übergang zum Wasser wachsen naturbelassene Moor- und Auwälder mit Birken und Erlen. Eschen und Weiden begleiten die Seeufer, die großteils von ausgedehnten Schilfflächen umrandet werden. In den Seen leben zwei vom Aussterben bedrohte Armleuchteralgenarten, die Raue Armleuchteralge und die Furchenstachelige Armleuchteralge. Aufmerksame Beobachter können die seltene Kleine Zangenlibelle entdecken oder Fischadler beim Kreisen über den Baumwipfeln beobachten. In den Seen und Fließen haben Biber und Fischotter ein Zuhause gefunden. Am Boden suchen Wasserspitzmaus und Zwergmaus nach Nahrung. Zwischen den beiden größten Seen ließ sich der zweite Mann im Dritten Reich, Luftwaffenchef Hermann Göring, mit einem Hang zur Selbstinszenierung eine königliche Residenz erbauen, die in den letzten Kriegstagen gesprengt wurde. Heutige Besucher sehen nur noch Reste von Betonplatten und Eisenstäben im Wald.

⟶ GPS Parkplatz
53°0'4.33"N 13°35'45.64"E

⟶ Tipps
Ein knapp 13 km langer Wanderweg führt rund um den Großdöllnersee und an einer Badestelle vorbei.

⟶ Kindheitsträume kann man im Baumhaushotel Uckermark wahr werden lassen.
www.baumhaushotel-uckermark.de

40

41 | Schorfheide, Kienhorst und Eichheide

Die Schorfheide 5 km nördlich von Eberswalde gilt als eines der größten zusammenhängenden Waldgebiete Ostdeutschlands und steht als UNESCO-Biosphärenreservat Schorfheide-Chorin unter Schutz. Von Natur aus ein Buchenwald mit eingestreuten Eichen und Hainbuchen wachsen hier heute vornehmlich Kiefernwälder. Zu verdanken ist die Baumartenzusammensetzung auch hier wie anderswo der Strategie einer großflächigen Rodung der Naturwälder bei gleichzeitiger Aufforstung mit schnell wachsenden Nadelbäumen. Gleich nördlich des Werbellinsees allerdings kann der Besucher im 566 ha großen Totalreservat Kienhorst etliche alte Überhälterkiefern aus dem Wald herausragen sehen, die Überreste einer Hutewaldbewirtschaftung sind. Auch die ehrwürdigen Traubeneichen im Nachbarnaturschutzgebiet Eichheide/Köllnsee begannen ihr Leben im Hutewald. Später tummelten sich Kaiser, Nazigrößen und DDR-Staatsratsvorsitzende unter ihren Kronen, um ihre Gesellschaftsjagden auszuüben. Im Wald verstreut treffen Besucher hier auf meterdicke Eichen, deren abgestorbene Äste, aufgebrochene Stammteile und überwucherte Narben vom Überlebenskampf der alten Kämpen erzählen, den sie bis jetzt immer gewonnen haben. Mit den alten Veteranen hat sich auch der Lebensraum für einige Totholzarten wie den Großen Eichenbock und den Hirschkäfer und seltene Fledermausarten erhalten. Wie gut, dass sich der Wald hier in Zukunft weiter in einen natürlichen Laubwald zurückentwickeln darf. Abgelegene Kleinseen, wie die Pinnowseen, und Moorbirkenwälder zeigen ein weiteres Gesicht dieses vielfältigen Lebensraumes. Der 10 km lange Werbellinsee, in dem auch die seltene Kleine Maräne zu Hause ist, beeindruckt an seinen östlichen Uferabschnitten zu guter Letzt mit erstklassigen Buchen und Bruchwäldern, die zu weiteren grünen Abenteuern animieren.

41

41

⟶ GPS Parkplatz
52°55'0.07"N 13°40'28.82"E

⟶ Tipps
Wer gern schwimmt, für den bietet der Werbellinsee traumhafte Badeplätze.

⟶ Ein Ausflugsziel für die ganze Familie ist der Wildpark Schorfheide. www.wildpark-schorfheide.de

⟶ Ein schöner Rundwanderweg am Nordufer des Werbellinsees führt an den alten Eichen und dem Jagdschloss Hubertusstock vorbei.

41

42 | Schorfheide Grumsin

Der Grumsin liegt im Osten des Biosphärenreservates Schorfheide-Chorin und steht für ein Patchwork aus alt- und totholzreichen Wäldern mit eingebetteten Gewässern und Mooren, die sich in den zahlreichen Senken ausgebildet haben. Wie bei so vielen anderen besonderen Waldgebieten war auch der Grumsiner Wald ein Jahrhundert lang für die jagdlichen Belange von kaiserlichen Familienmitgliedern, Nazi- und SED-Größen „reserviert" und von einer forstlichen Nutzung ausgenommen. Zum Vorteil der ausgedehnten und unzerschnittenen Rotbuchenwälder, deren Kernfläche von 560 ha wegen ihrer Einzigartigkeit in das UNESCO-Weltnaturerbes Buchenwälder aufgenommen wurde. In den Hainsimsen- und Waldmeister-Buchenwäldern des Grumsins zeigen sich verstärkt die für die Artenvielfalt so wichtigen Totholzstrukturen. Kleinere Flächen von Eichen-Hainbuchenwäldern sowie einzeln beigemischte Eichen, Bergahorn, Ulme und sogar die im Norden extrem seltene Elsbeere erhöhen den biologischen Wert des Lebensraumes. Die Verstecke im Totholz sind Lebensräume für zahlreiche

Fledermausarten, die auf der Roten Liste stehen, und natürlich auch Totholzkäferarten. Hier kann man den auf Laubwald spezialisierten Zwergschnäpper ebenso beobachten wie auf den Stämmen herumturnende Waldbaumläufer. Mittelspecht und Schwarzspecht hämmern Höhlen, welche die Schellente zur Brut nutzt. Durch den einsamen Wald streifen der Wolf und auch seine Beute, das Reh und Rotwild. In den zahlreichen Senken des Grumsins haben sich Erlensümpfe sowie Birken- und Kiefernmoorwald ausgebreitet, in denen man Kranich, Waldwasserläufer, aber auch Amphibien wie den Moorfrosch und die Knoblauchkröte antreffen kann. Im Grumsin kann der Besucher am eigenen Leibe erfahren, wie ein natürlicher Wald ohne menschlichen Einfluss in

Brandenburg aussehen würde. Hier stehen keine Kiefernspargel in Reih und Glied, sondern es herrscht ein angenehm wildes Durcheinander, ganz nach dem Geschmack der Natur. Naturnahe Wälder finden sich auch in der Umgebung Grumsins wie entlang der Ufer des Wolletzsees, wo alte Buchen die Ufer bewachen.

⟶ GPS Parkplatz
53°0'24.94"N 13°52'38.71"E

⟶ Tipp
Auf gut 11 km Länge verschafft der Rundweg „Buchenwald Grumsin" schöne Einblicke in das Waldparadies. Wer ins Kerngebiet schauen möchte, kann dies nur mit einer der seltenen geführten Wanderungen.
www.angermuende-tourismus.de

43 | Hoher Fläming Rabensteinwald

43

Gute 20 km nördlich der Lutherstadt Wittenberg konnte im Naturschutzgebiet Rabenstein ein Restbestand des einstmals weit verbreiteten Rotbuchen-Traubeneichenwaldes überdauern. Er schmiegt sich rund um die Feste Burg Rabenstein, die auf dem „Steilen Hagen" über dem gleichnamigen Dorf aus dem Wald schaut. Im 12. Jahrhundert zur Sicherung eines Handelsweges erbaut, beschützt die mittelalterliche Ruine heute einen Wald mit beindruckenden Rotbuchen, Eichen, Winterlinden und Ulmen, der in der Entwicklung sich selbst überlassen bleibt. Der Besucher bekommt so die Gelegenheit, die dramatische Phase von natürlichem Zerfall und beginnender Erneuerung mitzuerleben. Dort, wo gefallene Baumriesen ein Loch im Kronendach hinterlassen, kommen im Unterholz überall junge Ahornbäume zum Vorschein. Das liegende Stammholz und die in den Himmel schauenden Wurzelteller werden von Pilzen und Insekten erobert. Ein kleiner Kosmos für Mittelspecht, Reptilien, Spinnen, Vögel, Igel und Mäuse.

43

⟶ GPS Parkplatz
52°2'28.55"N 12°34'32.82"E

⟶ Tipp
Ein Naturerlebnispfad führt vom Dorf Raben hinauf zur Burg Rabenstein, ca. 4 km

44 | Hoher Fläming Wüstungswald von Schleesen

An der Grenze der Landschaften des Hohen Flämings Brandenburg und des Eichsfeldes in Sachsen, zwischen den Orten Stackelitz und Medewitz, breitet sich ein außergewöhnliches Waldgebiet aus. Zwischen ausgedehnten Kiefernforsten trifft man hier auch wunderschöne Laubwälder an. Dazu gehört das Naturschutzgebiet Flämingbuchen, das auf eiszeitlichen Moränen steht, die bis zu 165 m hoch sind und von einem offenen, naturnahen Traubeneichen-Buchenwald bedeckt werden, in dem man die Hohltaube antreffen kann. Im Wald nördlich von Stackelitz, der sich mal als wüchsiger Waldmeister-Buchenwald, mal als Buchen- und Traubeneichen-Mischwald zeigt, versteckt sich die Wüstung Schlee-

44

44

sen. Ein Dorf, das in den historischen Schriften bereits 1307 auftaucht, aber keine 100 Jahre überdauert zu haben scheint. Sein Schicksal ist wie viele der anderen 75 untergegangenen Dörfer der Region unbekannt. Seuchen und Überfälle oder Standortprobleme können die Ursache für das Verschwinden gewesen sein. Heute findet man auf der Waldlichtung noch die Ruine einer mittelalterlichen Feldsteinkirche und einige Brunneneinfassungen des Dorfes. Das sich hier im Wald rundherum ausbreitende Kleine Immergrün soll sich vom in den Wald eingewachsenen Dorffriedhof ausgebreitet haben. Im Flämingwald kann man auch sogenannte Rummeln entdecken. So bezeichnet man periglaziale 6 bis 12 m tiefe Trockentalsysteme, die sich durch historische Karrenwege hier im Fläming vertieft haben. Wer auf einen Streifzug durch die Wälder geht, kann durchaus auf Wolfsfährten stoßen. Besonders gut geht das bei Schneefall im Winter. In die Höhlen der Altbäume ziehen sich Fledermausarten wie Großes Mausohr oder die Mopsfledermaus zurück. Waldeinsamkeit par excellence erwartet den Besucher auf den wenig frequentierten Wegen.

⟶ GPS Parkplatz
52°1'37.40"N 12°22'31.56"E

⟶ Tipp
Der Findlingswanderweg führt vom Bahnhof Medewitz aus in das Waldgebiet und zeigt dem Besucher auf 15 km Länge die steinreichen Wälder der Region.

45 | Mittlere Elbe Elbtalaue

Das Biosphärenreservat Mittlere Elbe erstreckt sich zwischen Wittenberg und Magdeburg. In weiten Bögen durchfließt der Elbstrom hier ein flaches Tal, in dem sich Auenwälder, ausgedehnte Sumpfwiesen, Binnendünen und Altwässer ausbreiten. Die Wälder nördlich von Dessau zählen zu den größten zusammenhängenden Hartholzauenwäldern Mitteleuropas. Die Auenlandschaft wird bei Hochwasserereignissen periodisch überflutet. Das können nur angepasste Baumarten ertragen. Flussnahe Bereiche gehören zur Weichholz-Aue mit Weiden, Erlen und Pappeln. Sie werden sehr häufig und länger anhaltend überschwemmt. Silberweiden können Überflutungen im Extremfall sogar bis zu 300 Tage lang ertragen. Der sogenannte Hartholz-Auwald dagegen wächst etwas ferner von der Elbe. Hier kommt es seltener und nur für kürzere Perioden zu Hochwasserereignissen. Daher dominieren andere Baumarten wie Stieleichen, Eschen, Ahorn, Flatterulmen und Wildobstarten. Der Deichbau und die Landwirtschaft haben derartige Flächen weitgehend verdrängt. Das Glück der Hartholzauwälder der mittleren Elbe war die Tatsache, dass die Deiche in großer Entfernung vom Strom erbaut worden sind und so ein natürlicher Überschwemmungsturnus erhalten blieb. In der Aue existieren große Standortunterschiede auf kleinem Raum. Das ist ein Grund, warum die Auen zu den artenreichsten Ökosystemen Mitteleuropas zählen. Hier lebt zum Beispiel der Elbebiber neben seltenen Vogelarten wie Kranich, Fischadler, Seeadler und Schwarzstorch, aber auch seltene Orchideenarten und Stromtalpflanzen wie der Blauweiderich finden hier gute Bedingungen vor. Im Totholz alter Eichen lebt der gefährdete Heldbockkäfer, der zu den größten Käfern Mitteleuropas zählt. In ihrem östlichen Teil zeigt sich die Elbtalaue als eine von Menschen geschaffene Kulturlandschaft, die Ende des 18. Jahrhunderts auf Geheiß des Fürsten von Anhalt-Dessau nach dem Vorbild englischer Landschaftsgärten gestaltet wurde. Das sieht

45

45

man der Landschaft auch heute noch an. Solitärbäume, Obstbaumalleen und Schlösser begleiten den Fluss. Ein Kulturerbe, das als „Gartenreich Dessau-Wörlitz" im Jahr 2000 als UNESCO-Weltkulturerbe ausgezeichnet wurde.

⟶ GPS Parkplatz
51°50'58.59"N 12°6'33.55"E

⟶ Tipps
Kleine Strände an den Steinbuhnen der Elbe laden zum Baden ein, da sich die Wasserqualität in den letzten Jahren deutlich gebessert hat. Achtung Elbschifffahrt!

⟶ Eine fantastische Wanderrunde führt den Besucher auf knapp 20 km zwischen Aken und Großkühnau durch die Elbtalaue und erlaubt Einblicke in die verschiedenen Auwälder.

46 | Spreewald

Nordwestlich von Lübbenau breitet sich der Innere Oberspreewald aus. Die Gletscher der letzten Eiszeit haben die Landschaft hier wie mit einem Käsehobel geglättet zurückgelassen, in dem sich die Spree ein Netz aus Wasserläufen geschaffen hat. Ursprünglich stand hier einstmals ein riesiger Auwald. Dieses Urwaldgebiet wurde später kultiviert und aufgestaut, sodass heute eine große Anzahl von Kanälen, die hier Fließen genannt werden, entstanden ist. Die extensive Nutzung hat dafür gesorgt, dass sich in dem Mosaik aus Wald, Wiesen und Hecken trotzdem in Teilen eine weitgehend naturnahe Auenlandschaft erhalten hat. Das war schon 1990 ein guter Grund dafür, das Gebiet als Biosphärenreservat auszuweisen. Der Erlenbruchwald war einst die dominierende Waldform. Auch heute noch findet man größere Bestände auf Flächen mit hohen Grundwasserständen. Diese Abschnitte sind für Menschen undurchdringlich und daher für die Tierwelt ein Segen, sodass hier Waldwasserläufer, Bekassinen und

46

46

46

der Große Bachvogel leben. Durch eine menschengemachte Absenkung des Grundwasserspiegels wandelten sich viele Bruchwälder in Erlen-Eschenwälder um. Außerdem findet man im Gebiet Eichenwälder, die sich mit Hainbuchen, Flatterulmen, Linde, Birke oder Kiefern mischen. An manchen Stellen kann der Besucher auf Maiglöckchenteppiche stoßen, aber ebenso auf die Goldnessel und das Waldveilchen. Die Schmetterlingsart Silberfleck-Zahnspinner fühlt sich in diesen Au- und Eichenmischwäldern wohl. Bieber haben überall ihre Spuren hinterlassen. Sogar ein Meter dicke Eichen in Ufernähe haben sie angenagt. Zu Boden bringen sie diese aber nur durch wiederkehrendes Nagen unter Ausnutzung der natürlichen Fäulnis. Zu einem Besuch im Spreewald gehören aber auch die extensiv bewirtschafteten Wiesenflächen, auf denen Weißstörche und Kraniche nach Futter stochern. Blühende Rhododendren und Gänseblümchenwiesen umringen historische Reetdachhäuser. Tolkien-Fans würden sich vielleicht an das romantische Auenland im Herr der Ringe versetzt fühlen: Alles erscheint beschaulich und hübsch gepflegt.

→ GPS Parkplatz kostenpflichtig
51°51'48.53"N 14°5'21.60"E

→ Tipp
Die vielleicht schönste Möglichkeit, den Spreewald zu erkunden, ist wohl eine Fahrt über die Fließe mit einem traditionellen Spreewaldkahn. Sportliche Besucher können eine Kanutour vorziehen. Mietboote sind reichlich vorhanden. www.spreewald.de

47 | Spreewald Lieberoser Heide

Etwa 15 km nördlich von Cottbus, ganz im Süden Brandenburgs, liegt die Lieberoser Heide. Im Zentrum des großen Waldgebietes war früher ein 255 km² großer Truppenübungsplatz der Sowjetarmee. Die langjährige militärische Nutzung hatte zur Verschlechterung der Bodenqualität in Richtung trockener Heideflächen geführt, wird jedoch durch eine fortschreitende Sukzession wieder rückgängig gemacht, was bedeutet, dass Kiefern, Birken und Ebereschen die offenen Heideflächen wieder besiedeln. Das kann man als Besucher im Sukzessionspark Lieberoser Heide sozusagen live miterleben. Für einen großen Teil der Flächen besteht aufgrund von Munitionsbelastung ein Betretungsverbot, was für die Natur in ihrem Landschaftsmosaik aus großräumigen Kiefernwäldern, Sandheiden, Kesselmooren und klaren Seen sowie einer großen Sandwüste mit Dünen hilfreich ist, sodass sich zahlreiche seltene Tierarten ihren Lebensraum wiedererobern konnten. Dazu gehören Wolfsrudel, Fischotter und Biber, aber auch seltene Vogelarten wie Wiedehopf, Ziegenmelker und der Sperlingskauz. In den Moorbereichen leben Laubfrosch und Rotbauchunke, der Sonnentau und verschiedene Orchideenarten. Einen faszinierenden Einblick in die Region erhält man zum Beispiel zwischen dem Butzener See und dem Großen Mochowsee. Die Seeperlen Rammotsee, Bergsee und Großer Ziestesee sind bestückt mit Seerosenteppichen und von revitalisierten Moorflächen mit abgestorbenen Birkenwäldchen umgeben. Drumherum darf sich aus den ehemaligen Kiefernforsten der Urwald von morgen entwickeln. Buchen und Eichen sind überall im Unterholz zu entdecken. Trotz ihrer Monotonie haben diese Kiefernwälder ihre eigene Schönheit, die besonders dann zutage tritt, wenn die Sonne tief steht und die rote Rinde der Bäume erleuchtet wird.

→ GPS Parkplatz
51°56'39.39"N 14°10'31.50"E

→ Tipps
Der Lieberoser Wildnisweg leitet Wanderer auf knapp 9 km durch das Gebiet und bietet extreme Ruhe und gute Chancen auf Tierbeobachtungen.

→ Badehose einpacken! Im klaren Wasser des Großen Molchowsees kann man ins kühle Nass eintauchen.

47

KAPITEL DREI

Wälder des Westens

Teile des westlichen Deutschlands gehören zu den am dichtesten besiedelten Gebieten Europas.

Man findet auch in dieser Ecke des Landes faszinierende Waldgebiete, nicht selten mit klar ablesbarer mittelalterlicher Vergangenheit, sei es in Form von versteckten Burgruinen im Wald oder als Überbleibsel historischer Waldbewirtschaftungsformen. Ein ganz besonderer Wald ist der „Wald der blauen Blumen" in Hückelhoven, in dem der Boden im Frühjahr von einem lilafarbenen Blütenmeer bedeckt ist. Mit den Nationalparks Eifel, Kellerwald Edersee und Hunsrück Hochwald finden wir gleich drei Perlen, die als Waldnationalparks vor allem das Buchenwalderbe des Landes bewahren sollen.

Urige Waldbestände mit Großvaterbäumen und strukturreichen Naturwäldern erwarten den Besucher hier, aber auch Lichtungen, auf denen sich die gelben Blüten der wilden Narzissen ausbreiten. Dazu gehören Felslandschaften mit Hang- und Schluchtwäldern, in denen Bergahorn, Eichen und Linden der Buche den Rang ablaufen.

Die Mittelgebirgshöhenzüge sind durchsetzt mit rauschenden Bächen und dem ein oder anderen pittoresken Wasserfall. Wilde Übernachtungsplattformen im Hunsrück laden dazu ein, sein Zelt in der Waldwildnis aufzustellen und den Lauten der Waldkauze zu lauschen. Rund um die großen Flüsse Rhein, Mosel und Neckar warten Schluchten und knorrige Eichenwälder sowie mittelalterliche Burgen darauf, im Wald entdeckt zu werden.
In den großen Waldgebieten des westlichen Hessens wachsen einige der beeindruckendsten Baumgestalten des Landes, wie die Eichen im Urwald Sababurg nahe dem gleichnamigen Dornröschenschloss. Wer in den Wäldern des Westens unterwegs ist, fühlt sich nicht selten, als wäre er in einer Märchenszene unterwegs, und wird die Ruhe und mystischen Stimmungen genießen.

Westen

48 – 71

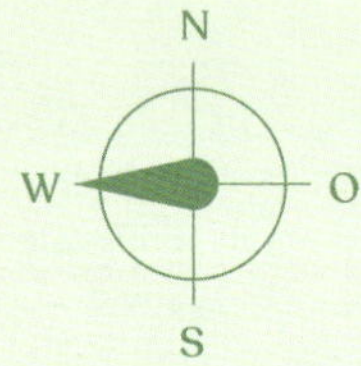

Hannover
Bielefeld
Münster
Ems
55
Göttingen
Dortmund
49
54
Kassel
56
48
50
52
51
53
Köln
61
Siegen
Bonn
59
60
58
57
Rhein
Koblenz
67
69
71
Frankfurt
am Main
62
68
70
Main
Würzburg
63
Mosel
Trier
66
64
65
Neckar
Kaiserslautern
Saarbrücken
Karlsruhe
Stuttgart

48

48 | Heinsberg Hückelhvoven

Ein Wald muss nicht unbedingt große Dimensionen haben, um seine Besucher zu beindrucken. Ein gutes Beispiel dafür ist der „Wald der blauen Blumen", welcher in Nordrhein-Westfalen im Kreis Heinsberg zwischen den Ortschaften Doveren und Hückelhoven mitten in der Feldmark liegt und aus Rotbuchen, Eichen und Ahorn, aber auch aus amerikanischen Roteichen besteht. Doch die

48

Baumzusammensetzung ist nicht das wesentlichste Charakteristikum des nur wenige hundert Meter langen und breiten Wäldchens. Tatsächlich muss man sich hier in der Zeit um Ende April bis Mitte Mai aufhalten, damit die Besonderheit überhaupt ins Auge fällt. Der Waldboden ist dann nämlich mit ausufernden Teppichen der kobaltblauen Blüten der Hasenglöckchen (Hyacinthoides) bedeckt, die zur Familie der Spargelgewächse gehören. Wenn hier zum Tagesende die Strahlen der untergehenden Sonne auf die Blütenpracht treffen, scheint der ganze Wald blau zu leuchten. Das Hasenglöckchen ist ein sogenannter Geophyt. Das sind Pflanzen, die das im Frühjahr noch reichlich vorhandene Licht im Wald zur Vollendung eines kompletten Vermehrungszyklus nutzen, bevor das Laubdach zu dicht wird. Die Zeit bis zum nächsten Frühjahr überdauern sie dann in den Speicherorganen in Form von Zwiebeln unter der Erde. Das Hauptverbreitungsgebiet haben diese Blumen tatsächlich in den klimatisch atlantisch geprägten Regionen von Belgien, England und Frankreich. Zwar findet man in den kleinen Wäldchen in der Nähe weitere Bestände wie im Rurwald bei Jülich, jedoch nicht in diesem unglaublichen Ausmaß. Blühintensität und -zeitpunkt hängen stark von Temperaturen und Niederschlag ab. Der Austrieb kann um bis zu einen Monat schwanken. Da das Wäldchen mittlerweile einigen Bekanntheitsgrad erreicht hat, muss man damit rechnen, das wunderhübsche Waldstück mit anderen Besuchern zu teilen.

→ GPS Parkplatz
51°2'6.34"N 6°16'19.53"E

→ Tipps
Um nicht enttäuscht zu werden, lohnt sich vor einem Besuch ein Anruf bei der Touristeninformation Hückelhoven. www.niederrhein-tourismus.de/ortsportrait/hueckelhoven

→ Wanderer können auf dem 9 km langen Weg von Jülich nach Linnich entlang der Rur noch weitere Hasenglöckchenteppiche entdecken.

49 | Rothaargebirge Bruchhauser Steine

Im Rothaargebirge, 10 km nördlich von Winterberg, dem bekanntesten Wintersportort im Sauerland, hebt sich der Istenberg über das Fachwerkdorf Olsberg-Bruchhausen. Aus dem Waldmantel des 727 m hohen Berges ragen vier mächtige Vulkangesteinskegel aus Porphyr-

49

fels wie alte Backenzähne aus dem Wald. Hier wachsen Arten, die man aus nördlichen oder alpinen Gefilden kennt, wie die Alpen-Gänsekresse oder der Nordische Streifenfarn. Wanderfalken und Uhus brüten in den unzugänglichen Felswänden. Der Feldstein kann mit etwas Traute erklettert werden und bietet einen exklusiven Blick auf die Nachbarsteine und bis hinein ins Münsterland. Die Waldbilder hier sind durchaus ambivalent. Werden die Felsen mit einem ästhetischen, naturnahen Bestand aus Buchen und Eichen umringt, stößt man in der weiteren Umgebung hauptsächlich auf dichte Fichtenforste und große Flächen mit relativ jungen Bäumen. Dabei handelt es sich großteils um wiederaufgeforstete Sturmwurfflächen. Auch Kahlflächen neueren Ursprungs sind vorhanden, die wohl auf Kosten von Klimawandel und Borkenkäfer gehen. Ein wunderbarer Hangwald mit Rotbuchen, Ahorn und Eichen stockt am Osthang des Istenberges. Hier befindet sich ein pittoresker Waldstausee, der einen Abstecher lohnt. Auch die Nachbarberge, wie der große Kluskopf, trumpfen mit schönen Laubmischwaldbeständen auf, sodass sich eine ausgedehnte Wanderung über mehrere Bergketten des Sauerlandes geradezu aufdrängt.

48

→ GPS Parkplatz kostenpflichtig
51°19'26.74"N 8°32'13.07"E

→ Tipps
Unterhalb der Steine wartet eine Naturausstellung zu Flora und Fauna der Region. www.bruchhauser-steine.de

→ Über gute 15 km erwandert man die Felsformation und den Großen Klusberg auf einer ausgedehnten Waldrunde vom „Parkplatz an der Feuereiche" aus.

50 | Rothaargebirge Kahler Asten

Der Kahle Asten stellt mit 841 m Höhe die zweithöchste Erhebung des rheinischen Schiefergebirges und befindet sich 2 km südöstlich vom Wintersportort Winterberg im Sauerland. Der flache Bergrücken

50

wird von Wald umgeben, der in der Gipfelregion in eine Zwergstrauchheide übergeht, die von zahlreichen markanten, einzeln stehenden Wetterkiefern und Birken durchwuchert ist. Am Übergang zum Wald stehen pittoreske Baumgruppen. Außergewöhnlich sind auch die Familienverbände der hier wachsenden Wetterbuchen, die mit ihren krummen und schiefen Stämmen dem Wind nachzufolgen scheinen und wohl einmal einer Niederwaldnutzung unterworfen waren. Der Nordosthang des Kahlen Astens wird von einem Bärlapp-Buchenwald bestockt, der schon länger nicht mehr forstlich genutzt wird und zahlreiche alte Individuen aufweist. Andernorts trifft man auf forstlich angelegten Fichtenwald und fantastisch anmutende Bestände durchgewachsener Weihnachtsbäume. Nicht zuletzt genießt der Besucher vom Gipfel umfassende Fernblicke.

→ GPS Parkplatz kostenpflichtig
51°10'46.41"N 8°29'21.10"E

→ Tipps
Als „Autoberg" kann der Kahle Asten mal soeben mit einer Autofahrt erobert werden. Die kann besonders im Winter eine schöne Angelegenheit sein, wenn nicht ganz so viel los ist. Oben wartet eine naturkundliche Ausstellung.

→ Der Kahle-Asten Steig leitet den Wanderer auf einer 16 km langen Tour von Westfeldaus hinauf zum Kahlen Asten.

50

51 | Rothaargebirge Helle Winterberg

Das Naturschutzgebiet Schluchtwald Helle beginnt direkt am Stadtrand von Winterberg im Sauerland und zieht sich über eine Fläche von 58 ha in Richtung Osten, immer dem Bachtal der Helle folgend. Erstaunlich wild erscheint das stadtnahe Tal dem Besucher, wenn er über Treppenstufen tief in eine Schlucht absteigt und die Hektik der Stadt zurücklässt. Die Helle tost hier über Felsrippen und bildet kleine Wasserfälle. Sie wird begleitet vom Ahorn-Eschen-Schluchtwald, in dem auch Linden anzutreffen sind. Die weniger steilen Bereiche übernehmen Buchenwälder mit Altholzcharakter. Hier wächst im Unterholz der Hohle Lerchensporn, die Winkel-Segge und der Zwiebel-Zahnwurz. Wache Beobachter entdecken die Gelbe Gebirgsstelze, wie sie auf der Suche nach Insekten zwischen den Steinen im Bachbett umherhüpft. Über eine angrenzende Lärchen- und Fichtenschonung kommt man wieder aus dem Wald und in den Genuss einer Bergaussicht, die einen Unwissenden leicht glauben lassen könnte, sich im Bayerischen Wald zu befinden.

→ GPS Parkplatz kostenpflichtig
51°11'45.28"N 8°31'55.95"E

→ Tipps
Ein Baumhaushotel wartet in 25 km Entfernung bei Oberhundem.
www.gasthof-zu-den-linden.de/baumhaeuser

→ Der Wanderweg Helleschlucht führt auf 5 km durch das Tal.

52

52

52 | Nationalpark Kellerwald Edersee

Seit 2003 schützt der 7688 ha große Nationalpark Kellerwald Edersee einen der wenigen großen, unzerschnittenen Buchenwaldkomplexe in Mitteleuropa und ist Teil des UNESCO-Weltnaturerbes „Alte Buchenwälder". Er befindet sich 5 km südwestlich von Bad Wildungen in Hessen. Seine Hainsimsen- und Waldmeister-Buchenwälder zeichnen sich durch einen außergewöhnlich hohen Anteil von Urwaldresten aus. Bereits 90 Prozent der Fläche des Parks können voll und ganz der Natur überlassen werden. Damit ist der Park kein Entwicklungsnationalpark mehr. Sogenannter Berg-Buchenwald wächst in kühlen Hochlagen des Nationalparks und zeichnet sich durch einen gesteigerten Anteil von Bergahorn in der Baumschicht aus, während auf dem Waldboden die Quirlblättrige Weißwurz sprießt. Hinzu kommen Edellaubholz-Blockwälder mit Bergahorn, Linden, Bergulmen, Elsbeere und Eschen, die an Orten mit steilen Hängen und reichlich Gesteinsschutt wachsen. Eichen-Trockenwälder stehen an den sonnenexponierten Hängen und auf trockenen Kuppen. Ein fantastisches Beispiel dafür sind die Eichenbäume der Halbinsel Kahle Hard am Edersee. Selbst in der Phase des Waldraubbaus im Hochmittelalter waren große Teile des Parks nicht geplündert worden. Bis zu 260 Jahre alt sind auch die archaischen Buchenwaldveteranen in den Urwaldresten an den Eder-Steilhängen, wie „Wooghölle" und „Ringelsberg". Es wird vermutet, dass hier seit der Jungsteinzeit kontinuierlich Naturwälder gestanden haben. So konnte sich eine lange Habitattradition entwickeln, die für spezialisierte Waldarten extrem wichtig ist. Ein Beispiel dafür ist der Veilchenblaue Wurzelhalsschnellkäfer, der nur im Mulm von Baumfußhöhlen leben kann. Verschwinden diese Höhlen im Wald, geht auch der Käfer verloren. Urwaldreliktarten können daher als Naturnähezeiger dienen. Generell gilt: Je mehr Reliktarten vorkommen, desto naturnäher ist der Wald. Immerhin 14 Urwaldkäferarten konnten hier bereits nachgewiesen werden. Natürlich leben hier auch viele andere Arten. Allein 604 Pilzarten sowie 280 Flechtenarten gibt es im Park. Anfang September schallt von den Brunftplätzen auf größere Lichtungen das laute Röhren der Rothirsche. Wenn der Herbst über den Edersee kommt, spiegeln sich die Waldflächen in seinem klaren Wasser.

→ GPS Parkplatz
51°8'43.42"N 9°3'9.50"E

→ Tipps
Im Nationalparkzentrum vertieft man sein Wissen über den Wald.
www.nationalpark-kellerwald-edersee.de

→ Der 68 km lange Urwaldsteig führt durch die schönsten Wälder und rund um den See, er kann als Mehrtagestour oder auch einfach nur abschnittsweise erwandert werden.
www.nationalpark-kellerwald-edersee.de

→ Der Wildtierpark Edersee lockt Familien an. www.wildtierpark-edersee.eu

→ Und auch der Baumkronenweg am Seeufer ist etwas ganz Besonderes.
www.baumkronenweg.de

53

53 | Hutewald Halloh

Auf einem kleinen Hügel gleich südlich des Nationalparks liegt am Dorfrand von Albertshausen das Hutewaldrelikt Halloh, der neben dem Urwald Sababurg einer der bekanntesten Überbleibsel mittelalterlicher Bewirtschaftungsformen in Deutschland ist. In dem einmaligen Kultur- und Naturdenkmal stehen 190 Rotbuchen, die ein Alter zwischen 200 und 300 Jahren aufweisen. Unter ihren Kronen sollen in der Vergangenheit vor allem Hausschweine und Ziegen gehalten worden sein. Letztere sind durch ihre Genügsamkeit verantwortlich für das Abfressen junger Triebe und frischer Rinde. Die Bäume versuchen, diese Wunden zu heilen, und überwallen Rinde an solchen Narben, was ein Grund für die wilden Stammformen der Bäume hier ist. Wegen des hohen Alters der Hutebuchen sind viele Stämme innen hohl und leben nach dem Abbrechen halber Stämme aber einfach weiter. Die dadurch entstehenden Totholzstrukturen sind natürlich ein idealer Lebensraum für Insektenarten. Besonders aufregend ist ein Besuch, wenn das Grün im Frühjahr zum Laubaustrieb explodiert oder im Herbst die bunten Blätter der Buchen erst die Kronen und dann den Boden schmücken. Wegen seiner erholsamen Wirkung wird der Wald sogar von lokalen Kliniken zu therapeutischen Zwecken genutzt.

53

→ GPS Parkplatz
51°6'33.00"N 9°2'22.60"E

→ Tipp
Wer in Richtung Gellershausen wandert, kommt an weiteren Hutewaldstrukturen, wie dem Paradies, vorbei, ca. 16 km retour.

54 | Habichtswald

Der Habichtswald ist ein bewaldeter Mittelgebirgszug westlich von Kassel, dessen Berge knapp über die 600-m-Marke reichen. Er wird zum überwiegenden Teil von naturnahen Laubbaumbeständen bedeckt, die gespickt sind mit blumenreichen Wiesenflächen. Die Waldwege werden häufig begleitet von Alleen aus Rosskastanien, Mehlbeeren und Obstbaumarten. Das große Hainsimsen- und Waldmeister-Buchenwaldgebiet bietet wegen seiner Strukturvielfalt Platz für ein reiches Tierleben. Auch seltene Baumarten wie die Elsbeere kann der aufmerksame Beobachter in den Beständen entdecken. Zahlreiche kleine Seen im Habichtswald künden vom Abbau des Basaltgesteins, das durch Vulkanismus vor 15 bis 13 Millionen Jahren zutage gefördert wurde. Besonders gut sehen kann man das auf der Kuppe des Hohen Dörnbergs, der einst selbst ein aktiver Vulkan war. Hier ragen riesige Basaltfelsen mit sechseckigen Basaltsäulen, die sogenannten Helfensteine, direkt aus einer offenen, beweideten Wiesenlandschaft. Auf der Rückseite des Berges stocken Buchenaltbestände mit beeindruckenden Baumgestalten. Ein kleiner Hutewald mit ungewöhnlich deutlichen Baumreihen aus dicken Buchen harrt ebenfalls am Dörnbergmassiv auf Entdeckung. Hier leben seltene Arten wie der

54

Thymian-Ameisenbläuling, eine Schmetterlingsart, sowie der Neuntöter, ein Vogel, der dafür bekannt ist, seine Insektenbeute auf Dornen zu spießen. Oberhalb des Fachwerkortes Zierenberg dehnt sich ein großes Blockhaldenfeld aus, in dem man auf erstaunliche Exemplare mehrstämmiger alter Linden trifft, die die Überlebensfähigkeit dieser Baumart demonstrieren. Daneben stehen riesige Ahornbäume und skurrile, mehrstämmige Eichen sowie der Schreckenbergturm, den man durch einen engen Kamin besteigen kann.

→ GPS Parkplatz
51°21'59.00"N 9°20'25.30"E

→ Tipps
Auch im Weltkulturerbe-Bergpark Wilhelmshöhe stehen neben den Wasserspielen und der Herkulesstatue Bäume im Mittelpunkt. www.kassel.de

→ Eine erstklassige Wanderrunde führt auf 15 km von den Helfensteinen zur Burgruine Schartenberg oberhalb von Zierenberg.

55 | Urwald Sababurg

Im nördlichsten Zipfel des Bundeslandes Hessen erhebt sich der Reinhardswald oberhalb von Hann. Münden über die Weser. Das 200 km² große Waldgebiet zeigt sich mit sanften Hügeln, die zwischen 200 bis 472 m Höhe liegen. Im Mittelalter war der Reinhardswald stark durch die Waldweide der umliegenden Bauern und Hirten belastet. Ab dem Beginn des 19. Jahrhunderts wurde wieder aufgeforstet. Auch hier geschah das mit Fichten und Kiefern, die das heutige Waldbild prägen. Neue Herausforderungen wie Waldsterben, Klimawandel und Borkenkäfer haben großen Flächen dieser standortfremden Baumarten den Garaus gemacht, sodass mittlerweile wieder neue Mischwälder mit deutlich höherem Laubholzanteil gepflanzt werden. Als Relikte der ehemaligen Waldweide findet man immer noch mächtige Eichenalleen und einzeln stehende Hutebäume zwischen den Nadelholzbeständen. Highlight des Reinhardswalds ist allerdings der „Urwald Sababurg“, welcher sich in der Nähe der gleichnamigen Burg

55

befindet. Hier wandelt der Besucher unter knorrigen bis zu 600 Jahre alten Eichen, von denen die sogenannte Kamineiche mit 7,20 m den größten Umfang aufweist. Mehrhundertjährige Buchen mit kolossalen Kronen, die meist aus mehreren Sekundärstämmen gebildet werden, stehen in direkter Nachbarschaft. Unterhalb der Bäume verschwindet der Besucher mancherorts hinter meterhohen Adlerfarnflächen. Dazwischen stehen abgestorbene und ausgehöhlte Baumskelette mit vom Wind und Wetter blank polierten Oberflächen. Tatsächlich ist auch der Urwald Sababurg ein von Menschenhand geschaffener Wald, der als Hutewaldrelikt seit dem Jahr 1907 unter Naturschutz steht. Daher hat sich nicht nur ein neuer Baumbestand zwischen den Urvaterbäumen eingestellt, sondern auch ungewöhnlich viel Totholz angesammelt, in dem seltene Holzpilzarten wie der Eichen-Zungenporling wiederentdeckt wurden. Kein Wunder, dass ein derart mystischer Platz Inspiration für Märchen und Sagen bot, wie jene der Gebrüder Grimm, die das Schloss Sababurg in das Märchen vom Dornröschen aufnahmen.

⟶ GPS Parkplatz
51°32'42.91"N 9°30'21.24"E

⟶ Tipps
Der Tierpark Sababurg lohnt sich für große und kleine Besucher.
www.tierpark-sababurg.de

⟶ Ein Besuch des Hutewaldes könnten Wanderer gut mit einer Runde durch das Holzapetal verbinden, ca. 12 km.

56

55

56 | Kaufunger Wald

Der Kaufunger Wald ist ein bewaldetes Mittelgebirge, das sich 8 km östlich von Kassel ausdehnt. Zahlreiche Fließgewässer haben hier ihr Bett in den Bundsandsteinuntergrund gegraben. Eines der schönsten ist wohl das Niestetal, das umgeben ist von ausschweifenden Wiesenflächen, die im Frühsommer zu Blumenteppichen werden. Erlen, Weiden, Eschen begleiten den Bachlauf mitunter alleenartig. An den Seitenhängen wächst ein bezaubernder Laubwald, der sich aus Rotbuchen, Bergahorn und Eschen zusammensetzt. Der Waldmantel verbirgt auch monumentale Eichen, wie die Euleneiche bei Kaufungen, die 660 cm Umfang hat, innen hohl ist und wohl ein Überbleibsel eines ehemaligen Hutewaldes darstellt. Im Norden des Kaufunger Waldes, unterhalb des Großen Steinberges, befindet sich das Naturschutzgebiet Hühnerfeld. Die Moor- und Wiesenlandschaft wird von Islandpferden beweidet und zeigt viele schöne Einzelbäume und Baumgruppen aus Birken und beeindruckenden Zwillingsfichten. Hier wachsen gefährdete Arten wie die Arnika und das Quendel-Kreuzblümchen. Am Ostabfall des Kaufunger Waldes versteckt sich die Ruine Ziegenstein auf dem Gipfel eines Waldbuckels, der von romantischem Buchen- Hainbuchenwald umgeben wird. Höhepunkt im wahrsten Sinne des Wortes ist der Bilsteinturm in

56

der Nähe von Großalmerode, der auf der Kuppe des 640 m hohen Bilsteins weite Fernblicke in alle Himmelsrichtungen verspricht. Die Fichtenflächen des Kaufunger Waldes wurden in den letzten Jahren stark vom Borkenkäfer dezimiert. Besucher müssen deswegen damit rechnen, auch immer mal wieder auf Flächen mit Kahlschlägen zu stoßen.

→ GPS Parkplatz
51°18'28.31"N 9°41'10.88"E

→ Tipps
Familien können den Erlebnispark Ziegenhagen ansteuern. www.erlebnispark-ziegenhagen.de

→ Wanderer finden hier mannigfaltige Möglichkeiten, wie zum Beispiel den gut 10 km langen Bilstein-Rundweg.

→ Stylische Kugeln, sechseckige Häuschen oder riesige Hängematten warten im Baumhaushotel Robins Nest im Norden des Gebiets auf Gäste. www.robins-nest.de

57 | Eifel Narzissenwald

Das Naturschutzgebiet Perlenbach-Fuhrtsbachtal-Tal ist 331 ha groß und befindet sich gleich südlich des Fachwerkortes Monschau in der Eifel nahe der belgischen Grenze. Der einst im Gebiet wachsende Buchenwald wurde von Bauern im Mittelalter gerodet und durch Talwiesen ersetzt, die der Heugewinnung dienten, bis sie sich als unwirtschaftlich erwiesen. Es folgte eine Wiederaufforstungskampagne mit Fichten. Heutzutage versucht man, den Wald wieder in Richtung Laubmischwald zu entwickeln. Naturnah sind allerdings die bachnahen Wälder, in denen sich offene Birkenwäldchen mit Erlenbrüchen und Weidendickichten mosaikartig abwechseln. Sie werden umschlossen von sogenannten Bärwurzwiesen und Borstgrasrasen, die weiter als wertvolle Kulturlandschaft erhalten werden. Die Blumenwiesen sind Lebensraum für viele seltene Arten, darunter auch die Wilde Narzisse, die eigentlich als Geophyt in offenen Laubwäldern wächst.

57

Wer im April in das Perlenbachtal und Fuhrtsbachtal kommt, wandert durch gelb leuchtende Blumenwiesen. Im Gegensatz zu den Narzissen in den Vorgärten sind die Blüten der wilden Narzisse kleiner. Im Wasser findet man die extrem selten gewordene Flussperlmuschel, die fast ausgestorben war, weil sie trotz Androhung des Galgens im Mittelalter – die Landbesitzer wollten die wertvollen Perlen für sich – bis an die Grenze ihrer Ausrottung gesammelt wurde. In den munter sprudelnden Bächen leben Groppen, Bachforellen und Äschen, während die Wasseramsel am Ufer zu beobachten ist.

→ GPS Parken kostenpflichtig
50°31'35.84"N 6°15'22.71"E

→ Tipps
Die faszinierende Rundwanderung durch die Bachtäler erstreckt sich über 18 km.

→ Weitere wilde Narzissenbestände gibt es auf dem Truppenübungsplatz auf belgischer Seite zu bestaunen, der zu gewissen Zeiten betreten werden kann.

→ Da die Blüte der wilden Narzissen mit der Temperatur und dem Niederschlag um einige Wochen variieren kann, lohnt es, sich vor einem Besuch über den Status zu informieren. www.monschau.de

56

57

58 | Nationalpark Eifel Kermeter

Der 2004 gegründete Nationalpark Eifel breitet sich vom Rurstausee über 110 km² in Richtung der belgischen Brenze aus. Eine seiner Kernflächen ist der sogenannte Kermeter, der Teil des devonischen Schiefergebirges ist und auf drei Seiten von Wasser eingefasst wird. Mit 33 km² Fläche beherbergt er eines der größten geschlossenen Laubwaldgebiete des Rheinlands. Hier stocken Laubmischwälder, die aufgrund ihrer Ausdehnung und ihrer Altersstruktur ökologisch besonders wertvoll sind. Der dominierende Buchenwald kommt in verschiedenen Ausprägungen vor, wie dem Hainsimsen-, Waldmeister- und Perlgras-Buchenwald. Sein Natürlichkeitsgrad tendiert schon in Richtung Urwald. An Sonderstandorten wie trockenen Hangkuppen stößt man auf Eichen-Hainbuchenwälder, in denen man auch den seltenen Elsbeerbaum finden kann. An steileren Bergseiten werden die Buchen von Linden-Ahorn-Hangwäldern abgelöst. In Senken und feuchten Tälern wachsen Eschen und Erlen. Insgesamt bietet dieses Waldmosaik seltenen Arten wie dem Uhu und dem Schwarzstorch überlebenswichtige Rückzugsorte. Der Besucher kann die kleinen Wunder des Waldes mit offenem Auge erkunden und dabei auf seltene Pflanzen wie den Gelappten Schildfarn oder die Traubige Graslilie stoßen. Am Seeufer hat man dagegen gute Chancen, den Schwarzmilan beim Segeln im Hangaufwind zu bewundern. Mit dem Aussichtspunkt Hirschley bietet der Kermeter auch einen der schönsten Ausblicke auf den Rurstausee.

→ GPS Parken kostenpflichtig
50°36'22.82"N 6°22'54.72"E

→ Tipps
Mehr Infos zum Nationalpark und seinen Wäldern bekommt der Besucher im Nationalpark Zentrum Vogelsang.
www.nationalpark-eifel.de

→ Auf einem 10 km langen Wanderweg kann der Kermeter der Länge nach ausgekundschaftet werden. Zurück geht es mit dem Ausflugsdampfer.
www.rursee-schifffahrt.de

59

59 | Kottenforst Bonn

2004 wurden 2457 ha des Bonner Kottenforst als Naturschutzgebiet ausgewiesen. Er befindet sich gleich südwestlich der ehemaligen Hauptstadt der BRD. Der Kottenforst wird aus naturnahen Laubwaldbeständen und gelegentlichen Nadelwaldflächen gebildet. Gerade die Laubwaldanteile weisen einen hohen Alt- und Totholzanteil auf. Im Mittelalter wurde der Kottenforst großflächig als Mittelwald und Hutewald bewirtschaftet. Besonders augenfällig wird dies in der Waldau, dem nördlichsten Teil des Bonner Stadtwaldes. Hier stößt man im Mischwald aus Buchen, Eichen und Kiefern auf deutlich ältere Hutebuchen, die bis zu 250 Jahre auf dem Buckel haben. Die Formen ihrer gebogenen, knubbeligen und ausgehölten Stämme sind so wunderlich, dass der Wald auch den Beinamen „Gespensterwald" hat. Im nördlichen Nachbarwald Waldville lebt die Mittelwaldwirtschaft heutzutage wieder aktiv auf. Die zahlreichen Waldbäche im Kottenforst zeigen sich an ihren Ufern mit ausgeprägten Auwäldern und Quellsümpfen.

⟶ GPS Parken kostenpflichtig
50°41'33.49"N 7°5'31.55"E

⟶ Tipps
Im Wildgehege Waldau tummeln sich Wildschwein und Co. Im Naturbildungszentrum gibt es reichlich wissenswerte Informationen über den Wald.
www.bonn.de/vv/produkte/wildgehege.php

⟶ Eine Runde um die Waldau-Lichtung bedeuten gut 13 km schönste Waldwanderwege im Kottenforst.

60 | Wald im Siebengebirge

Auf der rechtsrheinischen Seite von Bonn breitet sich das Siebengebirge aus, das sich als dicht bewaldete Hügellandschaft zeigt. Vulkanische Aktivität vor etwa 25,5 Millionen Jahren führte zu seiner Entstehung. Seine schönen Laubwälder werden hauptsächlich von Buchenwald in verschiedenen Ausprägungen gebildet, wie dem Waldmeister, Waldgersten- und Hainsimsen-Buchenwald. An schroffen, besonders abschüssigen

58

Hügeln stocken Hangwälder, in denen die Buche von Linden, Bergahorn, Esche und Bergulme ersetzt wird. Da auch im Siebengebirge lange Zeit eine Nieder- und Mittelwaldwirtschaft betrieben wurde, kann man das an so mancher Stelle noch gut anhand der mehrstämmigen Bäume erkennen. Ein besonders interessanter Wald stockt auf dem Westhang des Petersberges. Hier wachsen 160-jährige Buchen, die aus Stockausschlag hervorgegangen sind. Das Petersberger Schloss auf

60

60

dem Gipfel 1990 diente als Gästehaus der Bundesrepublik Deutschland. Wildromantisch und naturnah erscheint der Wald im Tretschbachtal, in dem Fluss begleitend Erlen, Eschen und Ahornbäume und am Boden auch mal Schachtelhalm und Farne den Ton angeben. Auf fast jedem Hügel scheint hier eine Burg oder ein Schloss zu stehen. Die tief im Wald versteckte Ruine Löwenburg und die auf einem Felssporn über dem Rhein aufragende Burg Drachenfels bieten nicht nur mittelalterliches Flair, sondern auch grandiose Ausblicke auf das Siebengebirge, jede auf ihre eigene Art.

→ GPS Parkplatz kostenpflichtig
50°40'30.01"N 7°12'8.46"E

→ Tipps
Deftige Küche wartet im Löwenburger Hof unterhalb der gleichnamigen Ruine. www.loewenburger-hof.de

→ Mit der Drachenfelsbahn kann man sich ein paar Höhenmeter ersparen. www.drachenfelsbahn.de

→ Von konditionell leicht bis heftig werden Wanderer aller Fasson im Siebengebirge glücklich. Eine traumhafte Runde führt über Drachenfels und Löwenburg.

61 | Krombacher Wald

Der aus der Bierwerbung bekannte Ort Krombach ist in allen Richtungen von bewaldeten Hügeln umgeben. An der westlichen Flanke des Ortes breitet sich zwischen dem Elsberg und dem Altenhahn ein strukturreicher Mischwald aus, der einer Waldbesitzergemeinschaft gehört. So findet man hier alte Buchenbestände neben Holzschlägen aus

61

Küstentannen und Douglasien. Fichtengruppen stehen neben Birken- und Eichenwäldchen, alle fein säuberlich durch Rückegassen (das sind Forstwege, die zum Abtransport des Holzes in einem Bestand angelegt werden) getrennt. Eine Besonderheit des Waldes ist der „Krombacher Schlag“ auf dem „Alten Heck“. Hier verlief einst der durch Wallgräben und dichte Baumhecken, „dem Gebück“, gesicherte Grenzübergang zwischen den Fürstentümern Nassau und Kurköln. Ein Überbleibsel einer solchen Sicherungshecke ist die „Dicke Buche“, ein markanter Waldbaum, der aus seinem untersetzten Stamm zahlreiche Sekundärstämme treibt und eine riesige Krone ausbildet. Das dicke Moos auf ihrem Stamm und den Ästen sowie der umgebende Wald lassen vermuten, dass Rotkäppchen jeden Moment mit einem Pilzkorb um die Ecke kommt. Einen Kilometer weiter südlich findet man westlich von Fellinghausen das nächste historische Waldgebiet. Hier hat sich eine Haubergswirtschaft erhalten. Das ist eine Art der Niederwaldbewirtschaftung eines Eichen-Birkenwaldes zwecks Herstellung von Gerberlohe und Holzkohle, die einst im Siegerland weit verbreitet war. Alle 20 Jahre werden die Bäume bis auf einen Wurzelstock gefällt, die später wieder ausschlagen. Die genossenschaftliche Struktur der Waldbesitzer hat sich bis heute erhalten.

→ GPS Parkplatz
50°59'24.70"N 7°57'21.65"E

→ Tipp
Eine schöne Wanderung zwischen Krombach und Altenkleusheim zieht eine 10 km lange Schleife durch die Wälder.

62 | Eifel Nerother Kopf

Zwischen den Orten Geroldstein und Daun liegt der markante Gipfel des Nerother Kopfes mitten in der Vulkaneifel. Der 1978 zum Naturschutzgebiet erklärte 647 m hohe Vulkankegel ist mit Wald bedeckt, der zwei völlig verschiedene Gesichter zeigt. Während auf der Ostseite ein Fichtenforst stockt, der teilweise von Sturmwürfen und Borkenkäferattacken betroffen war, ist die Westseite des Basaltkegels und die Kuppe umlaufend mit einem vortrefflichen

62

62

Hangbuchenwald bedeckt, in dem auch einige Bergahornbäume wachsen. Uralte Rotbuchen garnieren den Gipfel mit frei liegenden, exzentrisch geformten Wurzelwerken und Pilzkonsolen an ihren kräftigen Stämmen. Im Wald kann man den Ruf des Buntspechtes hören. Hier oben steht auch die mächtige Burgruine „Freudenkoppe", die von einem Grabensystem umgeben wird und im 14. Jh. von Johann von Böhmen erbaut wurde. Unter den Grundmauern des Wehrbaus liegt eine große Höhle, die Mühlsteinhöhle, welche einst dem Abbau von Mühlsteinen diente.

→ GPS Parkplatz
50°11'58.50"N 6°45'55.61"E

→ Tipp
Die einfache Wanderung auf den Nerother Kopf kann mit einem Gang auf den Nachbarberg leicht auf 8 km ausgedehnt werden. Gestartet wird am Bergsattel am Wanderparkplatz.

63 | Moselwälder Trier

An den Moselhängen oberhalb von Trier breitet sich ein Waldgebiet mit Hügeln zwischen 200 und 300 m Höhe nach Norden hin aus, das mit mannigfaltigen Naturwundern im mosaikartig aufgebauten Wirtschaftswald aufwarten kann. Ein großer Waldanteil besteht aus lichten Kiefernwäldern, in die auch immer mal wieder Birken, Eichen und Buchen eingestreut sind. Auch größere Laubwaldflächen, die mit steigender Hangexposition mit mehr Edellaubhölzern wie Ahorn, Linden und Bergulmen vergesellschaftet sind, kann man hier entdecken. An den sonnenexponierten Hängen der Mosel wächst ein Trockenwald mit Eichen, Kiefern Hainbuchen, Linden und Feldahornbäumen. Natürlich trifft man auch auf die im Forst unabwendbaren Bereiche, in denen Fichtenmonokulturen wachsen.

63

63

Andererseits gibt es hier auch exotische Baumarten wie Küstentanne und Roteiche. Was den Wald besonders macht, sind aber ebenso die Attraktionen, die sich unter seinem grünen Mantel verbergen. Dazu gehören mächtige Buntsandsteinfelsen wie zum Beispiel die sagenumwobene 10 m hohe Genova-Höhle, die durch Winderosion und Auswaschung vor Jahrtausenden entstand und in der Steinzeit von Menschen bewohnt wurde. Im Wald versteckt sich auch die Burgruine Ramstein, die im 13. Jahrhundert im unteren Kylltal auf einem Buntsandsteinfelsen errichtet wurde. Ganz in der Nähe stößt man auf eine keltische Hochburg, von deren Felsplateau aus man einen hervorragenden Überblick bis hin zu den Bergen des Hunsrücks genießen kann. Ein echtes Phänomen sind die Wasserspiele des Butzerbaches, der in einem engen Schluchtwaldtal über sieben kleine Wasserfälle abwärts rauscht.

→ GPS Parken
49°47'58.05"N 6°39'20.00"E

→ Tipps
Bei einem Familienbesuch im Wildgehege Weißhauswald kann man einheimische Wildarten sehen und einen Waldlehrpfad begehen. www.trierinfo.de

→ Eifelsteig und Römerpfad lotsen den Wanderer durch den Moselwald, ca. 14 km retour und weit darüber hinaus. www.eifelsteig.de

→ Hat man einmal genug vom Wald, kann man in Trier, dem „Rom des Nordens", Kultur, Historie und lebendiges Stadtleben mit einer Weinprobe verbinden. www.trier-info.de

64 | Saarburg Saarschleife Hamm

Die wenig bekannte Saarschleife von Hamm befindet sich 5 km südöstlich der Stadt Saarburg. Sie wird umgeben von den ausgedehnten Wäldern des romantischen Saartales. Besonders markant sind die Waldflächen, die sich direkt an den Saarhängen befinden. Hier streift man auf extrem wenig begangenen Wegen durch wunderschöne Hangschuttwälder, in denen neben Buchen viele Edellaubhölzer wachsen, wie Ahorn, Esche, Bergulme und Linde. Die Vielstämmigkeit mancher Waldbereiche lässt auf eine Geschichte mit Niederwaldbewirtschaftung schließen. An den sonnenexponierten, trockenen Hangkanten wachsen Eichen und Hainbuchenwälder mit gedrungenen Stämmen. Am Scheitel der Saarkurve befindet sich „Die schöne Aussicht". Der Blick über die Schleife schweift über das Dorf Hamm, das wie eine Halbinsel von der Saar umflossen wird, steile Weinberge, auf denen Rieslingstrauben gedeihen, und den gegenüberliegenden Waldberg Maunert. Das Tal der eng eingeschnittenen Serrig wird von Schlucht- und Hangwäldern mit Edellaubhölzern begleitet, durch die sich der Bach geräuschvoll der Saar nähert und am mondänen, im 20. Jahrhunderts erbauten Schloss Saarfels mit seinem großen Waldpark vorbeifließt. Typisch im Gebiet Saar-Hochwald ist eine genossenschaftliche Waldbewirtschaftung.

→ GPS Parkplatz
49°34'6.56"N 6°37'0.39"E

64

→ **Tipps**

Die schöne Aussicht über der Saarschleife ist direkt mit dem Auto zu erreichen. Hier kann man Drachenfliegern beim Start zuschauen.

→ Die schönsten Wanderwege führen entlang der Serrig und den Saumpfaden an der Saarschleife. Wer gut zu Fuß ist, kann beide Wege in einer großen Runde verbinden, ca. 20 km.

65 | Nationalpark Hunsrück-Hochwald

Der 2015 eröffnete Nationalpark Hunsrück-Hochwald ist der jüngste Nationalpark Deutschlands. Er breitet sich über den Höhenzug Hunsrück aus, der sich 10 km nordwestlich von Idar-Oberstein befindet, und gilt als Entwicklungsnationalpark. Das bedeutet, dass seine gesamte Fläche sich nicht sofort allein überlassen wird, sondern dass auf den sehr naturfernen Flächen noch helfend eingegriffen wird. Das geschieht im Sinne einer schnelleren Entwicklung zu einer natürlichen Vegetation. Eine Pflanzung von Laubhölzern oder das Wiedervernässen von Moorflächen sind solche Hilfsmittel. Auch andere deutsche Nationalpark sind Entwicklungsnationalparks. Die typische Vegetation des Hunsrück-Höhenzuges sind altholzreiche Buchenwälder mit eingestreuten Hangmooren. Die Entwicklung des Waldes war an vielen Stellen schon vor Eröffnung des Nationalparks schützenswert, wie man zum Beispiel an dem Vorkommen der extrem seltenen Fransenrindenwanze sehen kann, die sich durch Pilze ernährt, die im Totholz leben. 2015 wurde mit der Hunsrücker Warzenflechte sogar eine bis dato neue, bislang unbekannte Flechtenart entdeckt. Einen altehrwürdigen Buchenwald kann man zum Beispiel am Südende vom saarländischen Eingangstor zum Nationalpark aus

65

erkunden. Auf dem Kahlenberg und dem gegenüberliegenden Hunnenring oberhalb der Talsperre Nonnenweiler wachsen alte Buchen-Hallenwälder mit knorzigen Einzelbäumen. Zwischen den lockeren Blockhalden stehen auch immer wieder markante Bergahornbäume und Eichen. Der Hunnenring ist ein mehrere Meter hoher und kilometerlanger keltischer Ringwall, der im 1. Jahrhundert aus großen Steinblöcken erbaut wurde. Ähnlich schön ist der Wald auf dem Nachbarberg Dollberg, der höchsten Erhebung des Saarlandes. In den Moorflächen des Parks findet man lichte Moorbirkenbestände, das Goldene Frauenhaarmoos und den fleischfressenden Sonnentau. Mittelalterliche Eindrücke bekommt man auf dem Wildenburger Kopf am Nordende des Nationalparks, dessen Bergfried aus dem Wald schaut.

→ GPS Parkplatz kostenpflichtig
49°36'57.79"N 6°59'45.05"E

→ Tipps
Wer eine Nacht in der Wildnis verbringen will, kann dies in den Trekkingcamps im Nationalpark buchen.
www.nationalpark-hunsrueck-hochwald.de

→ Das Nationalpark-Infozentrum Erbeskopf hilft beim Entdecken des Gebietes.
www.nationalpark-hunsrueck-hochwald.de

→ Familien lockt die Sommerrodelbahn am Erbeskopf oder das Wildfreigehe bei Wildenburg an.
www.erlebnis-hunsrueck.de,
www.wildfreigehege-wildenburg.de

→ Die knapp 12 km lange Dollbergschleife streift alte Buchenwälder und den Hunnenring.

66

66 | Hunsrück-Viadukt

Im Mischwald südlich des kleinen Ortes Höxel, unweit des Nationalparks Hunsrück-Hochwald versteckt sich ein imposantes Denkmal der Eisenbahngeschichte. Das Eisenbahnviadukt von Höxel ragt hier mit seinen acht riesigen 42 m hohen Backsteinbögen aus dem Wald hervor. 1903 in Betrieb genommen, erscheint die Szenerie fast einem Harry-Potter-Film zu entstammen. Man glaubt, dass jederzeit eine Dampflock in Richtung Hogwarts kommen könnte. Tatsächlich ist die hier verkehrende „Hunsrückbahn", schon lange stillgelegt. Seitdem ist das Viadukt langsam vom Waldesgrün erobert worden. Zwischen den Schienen wachsen Brombeeren und Birken. Auch der Wald rundherum verdient Aufmerksamkeit. Entlang der Bachläufe wie dem Herchenbach breiten sich Erlenbruchwälder und Weiden-dominierte Feuchtwälder aus. Dort, wo mehr Gefälle vorhanden ist, murmelt der Bach über kleine Abfälle unterhalb der Kronen von Eschen und Ahornbäumen. Einige alte Buchenveteranen stehen an den Wegkreuzungen, und die Buchenwaldgesellschaften an den sanften Hängen variieren zwischen frisch verjüngten Beständen mit alten Überhältern und strukturreichen Altbaumflächen. Hier trifft man auch auf ausgedehnte Fichtenflächen, die sich an den Rändern mitunter extrem dicht verjüngt haben. Rund um das Bahnviadukt sind an den Hängen Niederwaldstrukturen mit Eichen, Hainbuchen und Buchen zu erkennen.

→ GPS Parkplatz
49°46'8.60"N 7°5'44.46"E

→ Tipps
Der Rundwanderweg „Viaduktschleife" führt auf 5 km durch den Wald. Weitwanderer können zum Beispiel auch den Saar-Hunsrück-Steig in Richtung Erbeskopf erwandern.

→ Das Viadukt selbst ist nicht offiziell zugänglich. Trittfeste Besucher finden aber einen steilen Pfad durch ein Dickicht hinauf.

66

67 | Cochem Elzbachwald

Der Elzbach ist ein verborgenes Seitental der Mosel, das sich etwa 20 km südwestlich von Koblenz befindet und von einer landwirtschaftlich geprägten Hochfläche umgeben wird. Der Talgrund wird eingenommen von feuchten Auenwäldern mit Erle, Esche und Weide. Auch kleine Flecken mit Moorbirkenwäldchen sind vorhanden. Begleitet von artenreichen Hochstaudenfluren und Borstgraswiesen, die durch eine historische Mahdbewirtschaftung entstanden sind und weiter erhalten werden, zeigt sich der Wasserlauf meist als ruhig dahinströmender Bach. Andernorts tritt er mit donnernden Wasserfällen in Erscheinung, wie an den Elzbachfällen an der Burg Pyrmont. Am Gewässer leben unter anderem Gebirgsstelzen, Gelbbauchunke und Biber. An den steilen Seitenwänden des Elzbaches trifft man auf Hangschutt- und Schluchtwälder, die sich je nach Ausprägungsgrad von Bodenauflage und Sonnenexposition aus Ahorn, Esche, Linde, Eiche und Kiefer zusammensetzen. Dass der Wald einmal als Nieder- und Mittelwald bewirtschaftet worden ist, erkennt man heute noch an vielen Stellen, vor allem anhand der gehäuft auftretenden Vielstämmigkeit. Der Europäische Dünnfarn wächst hier direkt auf den anstehenden Schieferfelsen meist in der Nähe von Sickerquellen. Auf den weniger steilen Flächen haben sich Hainsimsen- und Waldmeister-Buchwälder ausgebreitet, in denen auch mal mit amerikanischen Baumarten experimentiert worden ist. Historisches Highlight ist die Burg Eltz, die auf einem Felsensporn über einem abgelegen Talgrund errichtet wurde und wegen der spektakulären Lage und der verspielten Bauform mit Türmchen, Giebeln und Erkern zu den bekanntesten Burgen des Landes gehört. Weniger bekannt, aber nicht minder interessant ist die wuchtige Burgruine von Pyrmont, die ebenso wie ihr Nachbarbau im 13. Jahrhundert errichtet worden ist. Wer im Tal der Elz unterwegs ist, kann sich ein wenig wie auf einer Zeitreise ins Mittelalter fühlen und entlang des Bachlaufes der Elz herrlich entschleunigen.

→ GPS Parkplatz kostenpflichtig
50°11'54.92"N 7°20'20.71"E

→ Tipps
Ein Besuch mindestens einer der Burgen des Tales sollte in das Pflichtprogramm eines jeden Besuchers gehören. www.elzerland.de/ausflugsziele/burgen-schloesser

→ Wanderer können beide Burgen auf einer 23 km langen Talwanderung besuchen und dabei den Bach Elz und seiner Wälder in vollen Zügen genießen.

68 | Hunsrück Ehrbachklamm

Der Ehrbach liegt im Hunsrückgebirge zwischen Rhein und Mosel, etwa 10 km westlich von Boppard. Der in die Mosel mündende Bach schneidet tief in eine Mittelgebirgslandschaft ein und formt ein nahezu durchgängig bewaldetes Tal. An einigen Talwiesen zeigt er sein liebliches Gesicht. Die 1,5 km lange Ehrbachklamm im Mittellauf allerdings spricht eine gegensätzliche Sprache. Hier warten abenteuerliche Wasserfallstufen zwischen markanten Felsen. Ahornbäume, Linden und Bergulmen zeigen besonders bizarre Formen und ändern die Wuchsrichtung schon mal abrupt um 90 Grad. Im Wald stößt man auf ausgedehnte Vorkommen des Hirschzungenfarns, der schattige, feuchte Schluchtwälder liebt. Besucher können durchaus einen Eisvogel oder einen Graureiher aufschrecken. Die recht steilen Hänge weiter oben werden von Eichen und Hainbuchen bewachsen, die nicht selten mehrstämmig auftreten und Gedanken an eine ehemalige Niederwaldbewirtschaftung wecken. Im Unterlauf warten au- und bruchwaldartige Waldungen mit Weiden, Eschen und

68

Erlen mit ausgeprägten Wurzelsystemen. Auch aus historischer Sicht zeigt sich das Ehrbachtal als eine kleine Schatzkiste. Mit der Ehrburg, dem Schloss Schöneck und der Ruine Rauschenburg warten gleich drei mittelalterliche Festen darauf, näher entdeckt zu werden.

⟶ GPS Parkplatz
50°11'49.47"N 7°30'20.69"E

⟶ Tipps
Im Talgrund lädt die bewirtschaftete Eckmühle zu einer ausgiebigen Pause ein. www.eckmuehle.de

⟶ Wanderer gehen auf der 9 km langen Ehrbachklamm-Traumschleife auf Tuchfühlung mit Fels, Wasser und herrlichen Aussichten.

68

69 | Boppard Rheinschleifenwald

Der Bopparder Hamm ist die größte Schleife des Rheins und liegt gute 10 km südlich von Koblenz. Gevatter Rhein und seine Nebenbäche haben sich hier über die Zeitalter ein tiefes Tal in ein Schiefergebirge gegraben. So sind über die Jahrtausende canyonartige Wände entstanden. Dort, wo es gerade so noch möglich ist, wird an den Hängen Wein angebaut. Lohnt sich das nicht, wächst stattdessen Wald. An solchen Standorten herrschen harte Lebensbedingungen für die Vegetation. An den Steilhängen kommt lockeres Gestein schnell in Bewegung. Einige Felsen-

69

bereiche speichern kein Wasser. Trockenheit im Sommer ist somit bei längeren regenlosen Perioden garantiert. Rotbuchen, die sonst von den klimatischen Bedingungen her hier eigentlich dominieren würden, haben keine Chance. Sie werden ersetzt durch Eichen, Hainbuchen, Feldahorn und Haselbüsche, die deutlich trockenresistenter sind. Die unter diesen Bedingungen äußerst langsam aufwachsenden Wälder zeigen nicht selten korkenzieherartige Stämme. Auf diesen Flächen wurde auch lange eine historische Niederwaldwirtschaft betrieben, deren Holz man für Stempel in Bergwerken, Weinbergspfähle oder als

69

Brennholz benötigte. Nachdem das Niederwaldholz nicht mehr so gefragt war, wuchsen diese Bestände weiter. Heutzutage werden sie wieder zur Gewinnung von Brennholz genutzt. Einen guten Eindruck dieser Waldform kann man beim Aufstieg vom Mühltal zum Hirschkopf beobachten. Der Hirschkopf bietet einen grandiosen Ausblick über die Rheinschleife.

⟶ GPS Parkplatz
50°14'21.77"N 7°33'22.44"E

⟶ Tipps
Wer nicht gut zu Fuß ist, kann mit der Sesselbahn zum Hirschkopfgipfel gelangen. www.sesselbahn-boppard.de

⟶ Enthusiastische Wanderer werden die 15 km lange Elfenlay-Traumschleife lieben, die Felsen, Wald und Rheinblicke vereint.

70 | Taunus Hinterlandswald

Der Hinterlandswald ist ein 100 km² großes, unzerschnittenes Waldgebiet, dass sich 20 km westlich von Wiesbaden im Wispertaunus über Höhen von 130 m bis knapp 400 m ausbreitet und von zahlreichen tiefen Kerbtälern durchzogen ist. Wie so viele andere Wälder in Deutschland teilt der Hinterlandswald eine Geschichte von Raubbau und Ausplünderung im Mittelalter, die hier hauptsächlich zu Zwecken der Köhlerei und Waldweide betrieben wurden. Erst eine spätere Wiederbewaldung konnte den Hinterlandswald zu einem geschlossenen großen Waldgebiet zurückführen. Hauptwaldgesellschaft ist ein Waldmeister-Buchenwald, in dem viele alte Veteranenbäume zu finden sind. Besonders an steilen Tonschieferhängen wachsen auch Eichen-Hainbuchenwälder, in denen die Buche fast vollständig zurücktritt, ebenso wie auf so mancher trockenen Hochplateaufläche. In Baumhöhlen leben hier Fledermausarten wie die Kleine Bartfledermaus und die Fransenfledermaus. Auch der Schwarzstorch findet hier ruhige Ecken für sein Brutgeschäft. Die Talböden sind deutlich feuchter.

70

Die Wisper und ihre Nebenbäche mäandern durch unzählige S-Kurven. Kleine Stromschnellen sorgen für eine entspannende Geräuschkulisse. Entlang der Bäche stockt eine Mischung aus Schluchtwald und Bacherlen-Eschenwald, die von extensiv bewirtschafteten Wiesen begleitet werden. Mehr als 1000 ha des Hinterlandswaldes wurden südöstlich von Ransel im Jahr 2016 als Naturwaldareal ausgewiesen und sollen zu einem neuen Wildnisgebiet werden. Im Bachbett der Wisper leben Groppen, Erdkröten und Wasseramseln. Gleich mehr als eine Handvoll Burgen befinden sich im Gebiet, von denen die Sauerburg wohl den spektakulärsten Wehrbau darstellt.

70

⟶ GPS Parkplatz
50°5'1.15"N 7°52'41.35"E

⟶ Tipps
Im Café Galerie „Alte Villa" kann man sich im Anschluss an eine Wanderung im Hinterwald stärken. www.alte-villa.net

⟶ Zahlreiche Wanderwege, wie der 44 km lange Wispertaunussteig, aber auch kürzere Spazierwege führen durch das Gebiet. www.wisper-trails.de

70

70

71 | Taunushöhen-Wald

Der Hochtaunus, der sich 10 km nördlich der Metropole Frankfurt befindet, wird beherrscht vom 878 m hohen Gipfel des Großen Feldberges, der alle anderen Erhebungen in der Region weit überragt. Er ist leicht mit dem Auto zu erreichen und bietet grandiose Ausblicke. Besonders auffallend ist der Blick auf die Skyline von Frankfurt. Die Stadt scheint in der Ferne aus dem Wald zu wachsen. Der vorherrschende Fichtenwald rund um den Gipfel ist stellenweise arg zerrupft durch Trockenheit, Borkenkäferbefall und Stürme der letzten Jahre. Deutlich attraktiver sind die montanen Hainsimsen-Buchenwälder unterhalb des Großen Feldberges, die sich zwischen dem Berg Altkönig und dem Glaskopf ausbreiten. Am Glaskopf stocken schöne Altbestände mit massigen Rotbuchen, von munter sprudelnden, kleinen Bächen wie

71

Rombach oder Emsbach durchflossen. An Stellen mit hohem Gefälle hat sich entlang der Wasserläufe ein Schluchtwald mit Ahorn und Eschen ausgebreitet. Auf dem ruhigen Gipfel des Altkönigs findet man riesige keltische Ringwälle, die bereits 500 Jahre vor dem Beginn unserer Zeitrechnung zusammengetragen wurden. An der Westflanke des Berges schaut die Weiße Mauer wie eine Wunde aus dem Bergrücken. Das Blockhaldenfeld entstand in der Eiszeit durch Frostsprengung. Sein helles Quarzitgestein reflektiert bei strahlender Sonne und wird weithin sichtbar. In ihrem Umfeld wachsen besonders charaktervolle Wetterbuchen. Auf dem kleinen Felsberg kann man die geometrischen Grundmauern eines römischen Limeskastells entdecken. Mit den Burgruinen Falkenstein und Königstein, die beide auf einem Hügel mit altem Buchenwald stehen, hat das Gebiet weitere Attraktionen zu bieten.

→ GPS Parkplatz
50°11'57.99"N 8°28'53.36"E

→ Tipps
Es gibt zahlreiche Wanderwege zur Auswahl. Wer keine Lust auf Höhenmeter, aber auf schöne Ausblicke hat, parkt direkt am Feldberg. Wer es ruhiger mag und genug Energie hat, startet seine Rundwanderung an einem der zahlreichen Waldparkplätze unterhalb des Altkönigs, ca. 14 km.

→ Im Winter führen attraktive Loipen durch den Taunuswald.

71

KAPITEL VIER

Wälder des Ostens

Die Wälder des Ostens verbergen Waldgeheimnisse, die Besucher leicht in Staunen versetzen können.

Der Nationalpark Hainich liegt im Westen Thüringens und bildet mit seinen 130 km² Fläche den größten zusammenhängenden Laubwald Deutschlands. Berühmt ist das Gebiet für seine weißen Bärlauchteppiche, die im Frühjahr am Waldboden erblühen. Auf dem riesigen Gebiet des Thüringer Waldes von annähernd 1000 km² herrschen dagegen großflächig Fichtenwälder vor. In den knapp 1000 Meter hohen Bergzügen lassen sich aber gerade in Gipfelnähe wegen der harschen Standortbedingungen in Form von Schnee, Frost und Trockenheit mancherorts skurrile Waldbilder entdecken. Auf einem Waldgipfel steht stolz die historisch bedeutende Festung der Wartburg.

Das Erzgebirge ist mit dem Fichtelberg (1215 m) das höchste Mittelgebirge Ostdeutschlands. Wilde Ecken und urige Waldbiotope mit kuriosen Felsformationen warten hier ebenso wie murmelnde Bachläufe, an deren Ufern der Eisvogel zu Hause ist. Malerische Fachwerkstädte, mächtige Burgen und Industrieruinen vervollständigen das Bild vom Besuch im Erzgebirge und seinen ausgedehnten Wäldern.

Die spektakuläre Felslandschaft der Sächsischen Schweiz, die in ausgedehnte Mischwälder mit alten Buchen und charaktervollen Kiefern eingebettet ist, hat schon die Maler der Romantik inspiriert. Der Nationalpark Sächsische Schweiz gehört definitiv zu den erhabensten Regionen des Landes. Kleinere Höhenrücken wie der Kyffhäuser oder die Hohe Schrecke nordwestlich vor Erfurt stehen exemplarisch für die zahlreichen weiteren Erhebungen, die häufig zum großen Teil mit uralten Buchenbeständen bestockt sind. Gerade hier verstecken sich grüne Waldgeheimnisse, die den Besucher schnell ins Staunen versetzen können.

Osten

72 – 88

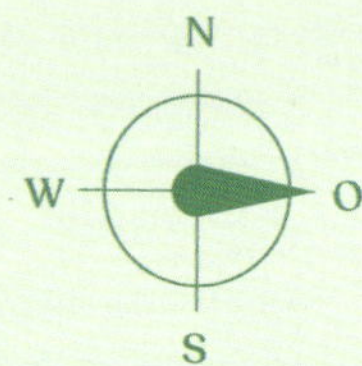

72 Nationalpark Hainich
73 Eisenacher Schluchten
74 Kyffhäuserwald
75 Kyffhäuser Hohe Schrecke
76 Thüringer Wald Großer Inselsberg
77 Thüringer Wald Schönautal
78 Thüringer Holzland
79 Saaleschleife Hohenwarte-Stausee
80 Erzgebirge Auersberg
81 Erzgebirge Geyerscher Wald
82 Erzgebirge Zschopautal
83 Erzgebirge Weicholdswald
84 Erzgebirge Burg Kriebstein
85 Elbsandsteingebirge Bielatal
86 Elbsandsteingebirge Tafelberge
87 Nationalpark Sächsische Schweiz – östlicher Teil
88 Nationalpark Sächsische Schweiz Bastei

Neustrelitz
Prenzlau
Elbe
Spree
Berlin
Wolfsburg
Potsdam
Magdeburg
en
Halle
Saale
Leipzig
74
75
72
Erfurt
73
84
Dresden
88
86
87
78
76
85
83
82
77
81
79
80
Main
zburg
Nürnberg

72

72 | Nationalpark Hainich

Der Nationalpark, der sich gleich nördlich von Eisenach befindet, war lange militärisches Sperrgebiet. Selten betreten, hatte der Wald reichlich Gelegenheit, sich auf großen Flächenteilen weitgehend ungestört zu entwickeln. Aus ökologischer Sicht war der Nationalpark daher schon von Beginn an eine grüne Schatzkiste, denn hier hatte der Urwald sozusagen einen zeitlichen „Vorsprung“, schon lange vor seiner Gründung im Jahr 1998. Den Frühlingsanfang im Hainich zu erleben, ist grüne Magie pur, denn dann sprießen überall Frühblüher wie der Bärlauch aus der Laubschicht am Waldboden und bilden zwei Wochen lang ausgedehnte, weiße Teppiche. Die Waldluft ist erfüllt vom Duft der auch gern als „Wilder Knoblauch“ bezeichneten Pflanze. Ähnlich schön ist der Herbst, mit den bunten Kronen von Buchen, Eichen, Hainbuchen, Spitz- und Bergahorn, Linden, Ulmen, Eichen Eschen, Erlen und Weiden. Im UNESCO-Weltnaturerbe ausgezeichneten Wald leben etwa 10 000 Tier- und Pflanzenarten. Die weit überwiegende Zahl der Tiere sind Insekten. Dazu gehören auch hochgradig gefährdete, sogenannte Urwaldreliktarten, die man außerhalb von Schutzgebieten fast nicht mehr antreffen kann. Der nur 5 mm große Reitters Strunk-Saftkäfer schien in Deutschland bereits ausgestorben, als er 1998 im Hainich wiederentdeckt wurde. Solche seltenen Käfer gelten daher

72

als Indikatoren für die Naturnähe des Waldes. Im Nationalpark gibt es Platz für extrem scheue Tiere wie Wildkatze, Schwarzstorch und Kranich. Auch Wölfe, Wildkatzen und sogar ein Goldschakal sind im Nationalpark mittels Fotofalle gesichtet worden.

→ GPS Parkplatz kostenpflichtig
51°4'50.99"N 10°31'0.89"E

→ Tipps
Rund um das Nationalparkzentrum Craula warten informative Ausstellungen über Flora und Fauna des Parks sowie ein ausgedehnter Baumkronenpfad. Ein riesiger Kinderspielplatz am Fuße der Anlage lädt zum Spielen und Toben ein. www.nationalpark-hainich.de

→ Der etwa 7 km lange Wanderweg Craulaer Kreuz gilt als einer der schönsten Pfade, um im Frühjahr die großflächigen Bärlauchfelder zu bestaunen.

73 | Eisenacher Schluchten

Ganz im Norden des Thüringer Waldes, südlich von Eisenach, zeigt das Mittelgebirge sogleich, was es kann, denn es bildet hier ein Plateau, das aus wechselnden Schichten von Konglomerat und Schiefertongestein besteht, in dem tiefe Rinnen und Schluchten ausgewaschen worden sind, wie beispielsweise die Drachen- und die Landgrafenschlucht. In den wildromantischen Klammen wachsen auf engstem Raum Bachauen- und Schluchtwälder. Die mächtigen Felspartien mit ihren besonderen Moos- und Flechtenvorkommen versetzen den Besucher in eine märchenartige Welt. Dazu tragen kleine Wasserfälle, Grotten und die feuchte nebelige Luft sowie das murmelnde Wasser im Bachbett bei. Hier leben seltene Felsenschneckenarten und der vom Aussterben bedrohte Feuersalamander. In Felslücken und auf Sandbänken siedeln Tüpfel- und Wurmfarnarten mit ihren leuchtend grünen Wedeln. Deutlich trockener geht es dagegen oben auf dem Plateau zu, sodass man hier Eichen-Hainbuchenwälder vorfinden kann, die mit ihren großen Einzelbäumen und wiesenartigen Flächen mitunter ein parkartiges Aussehen aufweisen. Auch an den schroffen Felswänden der Plateaus versuchen sich die Bäume zu halten und wachsen in gewundener Stammform vom Felsen weg. Besuchern bietet die erhöhte Landschaftsformation auch immer wieder schöne Aussichten auf die umliegenden Hangwälder und Hügel. Man kann zum Beispiel die Wartburg erblicken, die sich am Rand des Waldes auf einem Hügel prominent über Eisenach erhebt. Martin Luther übersetzte hier erstmalig das Neue Testament der Bibel ins Deutsche. Mit den Wartburgfesten, bei denen Studenten für einen Nationalstaat samt einer eigenen Verfassung demonstrierten, wurde die Feste dann endlich zu dem deutschen Nationalsymbol. 300 ha des Gebietes sind im Naturschutzgebiet „Wartburg und Hohe Sonne" geschützt und werden ihrer natürlichen Entwicklung überlassen.

73

73

→ GPS Parkplatz kostenpflichtig
50°57'22.38"N 10°18'36.53"E

→ Tipps
Ein Besuch der Wartburg bietet deutsche Geschichte pur und grandiose Ausblicke auf die umliegenden Wälder und auf Eisenach. www.wartburg.de

→ Durch Kombination der Ziele Drachenschlucht und Wartburg fügt sich eine gut 12 km lange Waldrunde zusammen, die ihresgleichen sucht.

74 | Kyffhäuserwald

Direkt neben der Stadt Kelbra liegt der kleine Gebirgszug Kyffhäuser. Durch einen raschen Höhenunterschied von gut 250 m hebt sich das Waldgebirge deutlich von den landwirtschaftlich geprägten Flächen des Umlandes ab. Hier streifen Wildkatze, Dachs und Fuchs durch einsame Wälder. Zwei Gebiete stechen dabei heraus. Zum einen das Naturschutzgebiet „Nord-Kyffhäuser mit Altendorfer Klippen und Rothenburg", das sich über die Hänge des Nordabfalles erstreckt und ein 90 ha großes Totalreservat beinhaltet, in dem die Bewirtschaftung des Waldes gänzlich eingestellt wurde. Diese Flächen werden von naturnahen Hainsimsen- und Waldmeister-Buchenwäldern geprägt. Besonders die eingestreuten Extremstandorte wie Steilhänge, an den man Hangmischwald oder Eichen-Trockenwald finden kann, beherbergen seltene Arten. Am Südwestrand des Kyffhäusers stößt man im „Naturschutzgebiet Süd-Kyffhäuser" auf eine Gipskarstlandschaft, deren Böden die Entstehung von Orchideen-Kalk-Buchenwaldgesellschaften ermöglicht haben. Ein facettenreiches Paradies für florale Vielfalt. Hier wachsen seltene Arten wie das Brand-Knabenkraut oder der Enzian. Ganze 122 ha des Gebietes sind gänzlich aus der Forstwirtschaft genommen worden. Auch die sonst nur selten anzutreffenden Baumarten Elsbeere und Wildbirne können aufmerksame Augen im Wald entdecken. Seltene Greifvogelarten wie Uhu und Wanderfalke sind in das Gebiet zurückgekehrt. In einer Gipskarstlandschaft kommt es leicht zu Auswaschungen, weil Gips stark wasserlöslich ist. Die dadurch entstandenen Höhlen haben im Kyffhäuser eine wichtige Bedeutung für den Fledermausschutz und beherbergen viele gefährdete Arten wie die Bechstein- und die Nymphenfledermaus. Durch unterirdische Auswaschung ist wohl auch die riesige Barbarossahöhle mit ihren Hohlräumen, Grotten und Teichen am südlichen Ende des Kyffhäuser-Waldes entstanden. Einer Sage nach schläft hier Kaiser Friedrich Barbarossa auf einem Stuhl aus Elfenbein an einem Tisch aus Marmor, nachdem er durch einen Zauber dazu verdammt wurde, hier zu rasten, bis sein roter Bart gänzlich um den runden Tisch gewachsen ist.

74

74

→ **GPS Parkplatz**
51°24'48.38"N 11°4'33.14"E

→ **Tipps**
Die beste Aussicht hat man von der Ruine der Reichsburg Kyffhausen und vom Kyffhäuser-Denkmal aus.
www.kyffhaeuser-denkmal.de

→ Fitte Wanderer können auf dem Kyffhäuserweg, einer 37 km langen Runde, von Bad Frankenhausen aus durch menschenleere Buchenwälder laufen.

75 | Kyffhäuser Hohe Schrecke

Das auf Buntsandstein gründende, bis 370 m hohe Mittelgebirge der Hohen Schrecke, 30 km nordwestlich von Erfurt, bildet eines der wenigen großen und unzerschnitte-

75

nen Laubwaldgebiete Deutschlands. Nicht einmal öffentliche Straßen führen durch den etwa 7000 ha großen Wald. In Kombination mit dem Fakt, dass die Buchenwälder der Hohen Schrecke ein halbes Jahrhundert lang militärisches Sperrgebiet waren und auch vorher nur extensiv bewirtschaftet wurden, haben sich hier relativ ungestörte Waldbilder entwickeln können, die wegen ihrer alten Bäume und einem hohen Totholzanteil einen Hotspot für biologische Vielfalt bilden. Es handelt sich dabei hauptsächlich um alte Buchenwälder mit Waldmeister und Hainsimsen in der Krautschicht. Wer hier unterwegs ist, der kommt aber auch in den Genuss des Anblicks von lichten Beständen mit Überhälter-Eichen, die mitunter wie Hutewälder anmuten. Auf 2000 ha ihrer Fläche soll die Hohe Schrecke zu einem unbewirtschafteten Urwald weiterentwickelt werden. Eine wissenschaftliche Artenbestandsaufnahme förderte 424 Holzkäferarten zutage, inklusive des lange verschollen geglaubten Knochen-Glanzkäfers. Als sensationell gilt außerdem, dass hier mehr als doppelt so viele Urwaldreliktarten gefunden worden sind wie im Nationalpark Hainich. Die Urwaldinseln in der Hohen Schecke haben eine besonders wichtige Bedeutung für Flora und Fauna. Viele alte Überhälter-Bäume, ein hoher stehender Totholzanteil, umgestürzte Baumriesen und ihre in den Himmel ragenden Wurzelteller sowie ein Wechsel mit dichten Verjüngungsflächen bilden ein ideales Lebensraummosaik für seltene Arten wie Siebenschläfer und die vom Aussterben bedrohte Bechsteinfledermaus. Der Wald des Höhenzuges wird umgeben von lieblichen Wiesenhügeln mit ausgedehnten Streuobstwiesen, die extensiv bewirtschaftet werden. Das steigert zusätzlich den Charme der Landschaft, ist aber zugleich auch der Artenvielfalt zuträglich, denn auf den Halbtrockenrasen wachsen seltene Orchideenarten. Die Kirschen-, Äpfel- und Pflaumenbaumhaine sind eine besondere Freude zur Blüte im Frühjahr oder zur Reifezeit ihrer Früchte, für Tier und Mensch in gleichem Maße.

75

→ GPS Parkplatz
51°15'59.13"N 11°16'32.15"E

→ Tipps
Einen abenteuerlichen Walderlebnispfad für Kinder stellt der Rabensteinrundweg dar.

→ Auf Schusters Rappen kann man eine 180 m lange Hängeseilbrücke begehen oder sich vom Urwaldrundweg (12 km) durch die Hohe Schrecke führen lassen.
www.tourismus.hoheschrecke.de

76 | Thüringer Wald Großer Inselsberg

Aus der Ferne betrachtet, ragt der Große Inselsberg deutlich über seine bewaldeten Nachbarberge hinaus und wirkt so höher, als seine 916 m vermuten lassen würden. Der hohe Jahresniederschlag der Gegend sorgt häufig für Nebelstimmungen am Gipfel. Unter diesen Bedingungen ist das Naturschutzgebiet, das sich über die südwestlichen Hänge des Großen Inselsberges erstreckt, besonders faszinierend. Seine 16 ha hochmontaner Bergwald gelten als der am höchsten gelegene intakte Buchenwald Ostdeutschlands. Auf dem steinigen Boden der Gipfelregion hat sich besonders die Eberesche in die 120 Jahre alten Buchenbestände gemischt. Das ist etwas, was man in Thüringen nur noch an dieser einen Stelle vorfinden kann. Die Bäume zeigen unter der Einwirkung von Schnee und Wind einen gedrungenen Wuchs, je näher sie am Gipfel stehen. Mit hoher Wahrscheinlichkeit hört man den melodischen Ruf des Grünspechtes. Richtig Glück und gute Augen braucht man, um die am Waldboden lebende Waldschnepfe auszumachen. In den umgebenden

Wäldern stößt man auf monumentale Fichtenhallenwälder, wilde Bäche oder den spektakulären Trusetaler Wasserfall.

→ GPS Parkplatz kostenpflichtig
50°50'57.58"N 10°28'13.34"E

→ Tipps
Der Inselsberg ist ein „Auto-Berg“ und bis zum Gipfel zu befahren. Oben locken ein Aussichtsturm und ein Berggasthof mit Thüringer Gastlichkeit. www.berggasthof-stoehr.de

→ Familien finden im Funpark am Fuße des Inselsberges eine Sommerrodelbahn. www.inselsberg-funpark.de

→ Eine knapp 6 km lange Wanderrunde führt vom Gipfelparkplatz aus einmal um den Berg und bietet Einblick in die verschiedenen Waldgesellschaften.

77 | Thüringer Wald Schönautal

Nur ein paar Kilometer nördlich von Zella-Mehlis, am westlichen Rand des Thüringer Waldes, finden Waldliebhaber rund um den lang gestreckten Bergort Oberschönau gleich mehrere wilde Waldgipfel und Täler, die einen Besuch lohnen. Einer der wichtigsten Erwerbszweige

der lokalen Bevölkerung war schon immer die Forstwirtschaft und Holzverarbeitung. Das merkt man bis heute an der starken Dominanz der Fichte. Gleich mehrere Berge, die das Tal flankieren und an der 900-m-Marke kratzen, ragen mit ihren Felsen aus dem Meer ausgedehnter Nadelwälder heraus. Sie haben Namen wie Hohe Möst, Hoher Stein oder Hermannsberg. Besonders interessant sind die zwölf Apostelfelsen, die einer Sage nach zu Stein gewordene Riesen sein sollen und in einer losen Gruppe auf der Sonnenseite des 893 m hohen Berges Donnershauk angesiedelt sind. Sportkletterer turnen hier in den Wänden und Türmen aus rötlichem Porphyr herum. Um ebendiese Felsensporne herum existieren immer wieder Flächen, in denen Laubwaldgesellschaften die holzhungrigen Eingriffe der Forstpartie überlebt haben. Hier stehen Buchen, Ebereschen, Ahorn und auch Birkenwäldchen. Wer sich die Mühe macht, sie zu erwandern, wird dafür mit weiten Fernblicken belohnt. Einen besonderen Reiz haben die almartigen Wiesen am Waldesrand, die fast alpine Gefühle aufkeimen lassen können.

→ GPS Parkplatz
50°42'3.97"N 10°37'37.22"E

→ Tipps
Die mittelalterliche Spornburg Ruine Hallenburg thront am Eingang des Tales der Schönau über dem Ort Steinbach-Hallenberg. Sie kann über einen Waldlehrpfad, der sich unter Buchen und Lärchen zur Feste hinaufwindet, erwandert werden. www.amt-hallenberg.de

→ Wer den Markierungen des Rennsteigs auf den Höhenzug folgt, kann die schönsten Felspartien entdecken (16 km retour) oder auch weit darüber hinauswandern.

78 | Thüringer Holzland

Gleich südlich von Jena breitet sich das Thüringer Holzland über eine dicht bewaldete Hügelkette aus, die wohl nur einer Umwandlung in landwirtschaftliche Fläche entgangen ist, weil die Sandsteinböden hier keinen Ertrag versprachen. Es dominieren, wie es der Name vermuten lässt, ausgedehnte Kiefern- und Fichtenbestände, die zum größten Teil in forstwirtschaftlicher Nutzung befindlich sind. So nimmt die Kiefer hier einen Anteil von 50 Prozent der Waldfläche ein. Besonders in den älteren Kiefernbeständen kann man aber häufig mächtige einzelne Eichen und Buchen entdecken. Wenn diese zusammen mit den rotborkigen Stämmen der Kiefern im Abendlicht von der Sonne angestrahlt werden, sorgen sie für einen wilden Glanz. Edellaubhölzer wie der Speierling und die Elsbeere wachsen im Rothehofbachtal. Auf der Suche nach Erholung bieten die Bachtäler der Region schöne Mischwälder. Der Leubengrund und Würzbach westlich von Hummelshain zum Beispiel verzaubern mit ihren Teichanlagen am Waldrand. Das Landschaftsschutzgebiet Zeitzgrund südöstlich von Jena, in dem der Zeitzbach durch ein schmales Tal rauscht, wartet mit wilden Landschaftseindrücken, Wasserfällen und unzähligen Wassermühlen auf. Größere Laubwaldbestände wachsen auch an den südlich exponierten Hängen über dem Orlatal. Darüber hinaus ist das Holzland gespickt mit feudalen Schlössern und Burgen. Das Jagdschloss „Zur fröhlichen Wiederkunft" bei Wolfersdorf ist von dichtem Wald umgeben. Mit ihren Grundmauern vom Anfang des 13. Jahrhunderts ist die Leuchtenburg, die auf einem

78

78

Hügel über dem Ort Kahla thront, nicht minder interessant. Das Gebiet diente einstmals den Kurfürsten zur Inszenierung ihrer pompösen Jagdgesellschaften. Dafür wurden eigens Mauern, Gräben und sogar unterirdische Gangsysteme angelegt, die das Anpirschen an das Wild erleichtern sollten. Hinzu kamen Fachwerkhäuschen auf Türmen als Ansitzmöglichkeit für die hohen Herrschaften. Nahe Hummelshain hat sich eine solche im Jahr 1620 erbaute, barocke Anlage fast vollständig erhalten: die Jagdanlage Rieseneck.

→ GPS Parkplatz
50°46'7.34"N 11°36'23.12"E

→ Tipp
Wald, Wasser und Mühlen erwarten Wanderer auf dem knapp 10 km langen Zeitzgrund-Rundweg bei Schleifreisen.

79 | Saale Hohenwarte-Stausee

Gleich westlich des Ortes Saalfeld in den östlichen Ausläufern des Thüringer Waldes liegt der Stausee Hohenwarte. Der Anfang des 20. Jahrhunderts erbaute Hohenwarte-Stausee gehört mit seiner Länge von 27 km und dem Wasserinhalt von 182 Millionen m^3 zu den größten Stauseen Deutschlands. Er ist Bestandteil einer insgesamt 80 km langen, fünffach gestuften Stauseekaskade mit weiteren Seen, wie zum Beispiel dem Bleilochstausee. Der aufgestaute Flussarm macht hier mehrere 180-Grad-Kurven direkt nacheinander und liegt in einem tief eingeschnittenen Tal. Wer hier unterwegs ist, fühlt sich daher leicht in eine Fjordlandschaft versetzt. Die Wälder im Saaletal und auf den angrenzenden Hochflächen zeigen sich stellenweise als dichte Nadelwälder, in denen nur wenige Sonnenstrahlen den Boden erreichen und besonders

79

an Nebeltagen das Gefühl schaffen können, sich in einem gruseligen Tatortfilm zu befinden. An den steilen Hängen haben sich lichte Laubwaldgesellschaften erhalten, in denen die Baumarten Eiche, Hainbuche, Eberesche, Ahorn und Kiefern anzutreffen sind, die allesamt versuchen, sich an den steinigen Untergrund des Thüringer Schiefergebirges zu krallen. Durch die tief eingeschnittenen Täler, die sich schnell wendenden Kurven sowie die Abwesenheit von Verkehrsadern in der Nähe, bieten die Wälder hier ein besonders ruhiges Walderlebnis. Den wilden Eindruck verstärken auch die Felsen, die man alle Nase lang an den Schluchtenwänden entdecken kann und die mit Namen wie Teufelskanzel oder Blockfelsen für grandiose Ausblicke auf Wald und Wasser sorgen.

→ GPS Parkplatz
50°36'23.10"N 11°36'30.01"E

→ Tipp
Eine ereignisreiche Wanderung führt vom Hohenwarte-Staudamm über 22 km zur Linkenmühle. Zurück geht es mit der Seerundfahrt.
www.fahrgastschiffahrt-hohenwarte.de.

80 | Erzgebirge Auersberg

Noch im 16. Jahrhundert existierten rund um den zweithöchsten Gipfel (1018 m) Sachsens Hunderte Silber-, Zinn- und Eisenerzgruben, ehe die Vorräte im Boden erschöpften und die Berghänge in ein Jagdrevier sächsischer Kurfürsten übergingen. Vom Gipfel des Auersberges, der sich von mehreren Seiten erwandern und auch mit dem Auto erreichen lässt, blickt man auf die ausgedehnten Waldflächen des westlichen Erzgebirges. Die Aussicht von dieser Warte reicht bis weit hinein nach Tschechien. Rund um den touristisch beliebten Gipfel verbergen sich mehrere Stauseen, die mitten im Wald recht wild daherkommen, aber auch seltene Naturräume, wie das Friedrichsheider Hochmoor

80

und der Kleine Kranichsee. Diese Moore bieten Lebensräume, die hoch spezialisierten Arten wie dem fleischfressenden Sonnentau oder der Moosbeere Platz bieten, und übernehmen ganz nebenbei auch noch wichtige Funktionen wie die Pufferung von großen Niederschlagsmengen. Zwischen den mächtigen Fichtenwipfeln schlängeln sich kleine Wasserläufe, wie die hübsche Bockau, in deren kleinen Stromschnellen auch die Wasserspitzmaus lebt, die ihre Nahrung in Form von Insekten und Schnecken tauchend im Wasser erjagen kann. Ihr Speichel ist giftig und kann Frösche oder Fische lähmen. Der Blauenthaler Wasserfall, Sachsens höchster Wasserfall, springt in der Nähe über eine Klippe. Einst künstlich durch das Umleiten von Wasser in ein Grabensystem geschaffen, um die Turbinen einer Papiermanufaktur anzutreiben, wirkt der verwunschene Platz im Wald heute ganz natürlich.

80

→ GPS Parkplatz kostenpflichtig
50°27'17.62"N 12°38'50.00"E

→ Tipps
Neben einer Einkehrmöglichkeit bieten sich in Gipfelnähe ein Aussichtsturm sowie ein schöner Waldlehrpfad an, der Besucher über verschiedene Waldtypen informiert.

→ Eine vorzügliche Wanderroute startet in Blauenthal und führt an der Talsperre Sosa, an einsamen Waldgipfeln und Gebirgsbächen vorbei hin zum Aussichts-Highlight Auersberg, ca. 18 km.

81 | Erzgebirge Geyerscher Wald

Auf einem Bergrücken etwa 25 km südlich von Chemnitz, weit nördlich des Haupterzgebirges erstreckt sich der etwa 65 km² große Geyersche Wald über das ansonsten eher landwirtschaftlich genutzte Mittlere Erzgebirge. Kurfürst August I. von Sachsen verschenkte den Wald einst an die Stadt Geyer, um den Bergbau und die Metallverhüttung in der Region anzukurbeln, was wegen des Energiehungers der Industriebetreiber rasch zur weitgehenden Zerstörung des Waldes führte. Nachdem der Wald mit Fichten wieder aufgeforstet wurde, begann man im 19. Jahrhundert bereits recht früh, die Fichtenbestände langsam in einen Mischwald zu überführen. In dem von kleinen Quellbächen durchzogenen Wald können Besucher heutzutage daher unter dem Kronendach verschiedenster Baumarten spazieren. Buchen, Tannen, aber auch Roteichen und Douglasien wird der kundige Blick rasch an ihrer ausgeprägten Rindenform erkennen. Der Greifenbach-Stauweiher zieht die Menschen zum Baden an, während es am Großen Schwarzen Teich und seinen Moorflächen sehr still zugeht. Im nahen Naturschutzgebiet Hormersdorfer Hochmoor und Hermannsdorfer Wiesen sind

größere Moorflächen unter Schutz gestellt. Höhepunkt eines Besuches im Geyerschen Wald sind sicher die Felsformationen der Greifensteine, die einem Haufen überdimensionaler unordentlich gestapelter Reibekuchen gleichen. Sie entstanden in einer Phase vulkanischer Aktivität, als Magma aus Schloten an die Oberfläche gedrückt wurde. Später wurden die weichen Erdschichten durch Erosion abgetragen, und die spektakulären Granittürme blieben übrig. Eine famose Übersicht bekommt man auf einer Aussichtsplattform.

→ GPS Parkplatz kostenpflichtig
50°38'58.97"N 12°55'43.02"E

→ Tipps
Auf der Freilichtbühne Naturtheater Greifensteine, Ehrenfriedersdorf kann man mitten im Wald der Kultur frönen. www.haus-feig.de/freilichtbuehne-auf-den-greifensteinen

→ Besonders beliebt unter Kindern ist der Erlebniskletterwald Greifensteine. www.kletterwald-greifensteine.de

→ Wanderer erkunden auf der gut 9 km langen Greifensteinrunde von Geyer das Gebiet.

82 | Erzgebirge Zschopautal

Gleich südlich des Ortes Zschopau verläuft der vielleicht schönste Teil des gleichnamigen Flusses, der sich hier mit zahlreichen 180-Grad-Kurven tief in die Landschaft des Erzgebirges gefressen hat, immer begleitet von ausgedehnten Wäldern, die sich an die abfallenden Hänge krallen und von formidablen mittelalterlichen Festen begleitet werden. Das Waldbild im Tal ändert sich alle Nase lang deutlich. An den steilen Hängen haben alte Eichen-Hainbuchenwälder mit eingestreuten Ahorn, Linden und Rotbuchen die industrielle Entwaldung der Region einigermaßen unbeschadet überstanden. Heute als Schutzwaldgebiete ausgewiesen, dienen sie zur Sicherung der Hänge. Etwas abseits des Tales trifft man aber auch auf stammreiche Fichtenforste mit großen Lücken durch Fällungen der letzten Jahre. Hier sieht man besonders gut den Kontrast der Widerstandsfähigkeit natürlich belassener Waldflächen zu angepflanzten Monokulturen. In Flussnähe stößt man auch immer wieder auf Waldabschnitte mit Auwaldcharakter, was wegen der ständig möglichen Überschwemmungen nur zu typisch ist. Erlen, Eschen, Pappeln und Weiden stehen hier an den Waldwegen Spalier. Besonders attraktiv ist der Wald in der sogenannten Wolkensteiner Schweiz. Hier ragen markante Felsen aus Gneis aus dem grünen Kronendach heraus. Besonders beeindruckend ist der Brückenfelsen, der sich wie ein Sprungbrett über die Zschopau erhebt. Eine enge, begehbare Felsspalte mit dem Namen Wolfsschlucht kann man direkt unterhalb der Mauern des Schlosses Wolkenstein erleben, das auf einem ca. 80 m hohen Felssporn erbaut wurde. Aber auch nördlich der Burg Scharfenstein wartet mit der Teufelsnase eine beeindruckende Felsformation. Beide Burgen wurden im 13. Jahrhundert errichtet und später weiter ausgebaut. Beiden gemeinsam sind ihre glänzend weiße Fassade und ihre Lage hoch über dem Fluss mit wunderbaren Aussichten. Natürlich fehlt es wie überall im Erzgebirge in der Gegend nicht an alten Stollen, die man in Form von zugemauerten Eingängen oder kleinen, mehr oder weniger verfallenen Löchern im Wald ausmachen kann.

82

82

→ GPS Parkplatz kostenpflichtig
50°42'23.94"N 13°3'21.07"E

→ Tipps
Ritterlich tafeln kann man in der Burgschänke Scharfenstein, www.burgschaenke-wolf.wixsite.com/burgschaenke

→ Warmbad, die älteste und wärmste Heilquelle Sachsens, lädt zur Entspannung nach dem Waldbesuch ein. www.warmbad.de

→ Auf einer Wanderung von Wolkenstein bis Scharfenstein kann man die Highlights der Wolkensteiner Schweiz auf einer etwa 15 km langen Tour entdecken. Zurück geht's mit dem Bus.

83 | Erzgebirge Weicholdswald

Im östlichen Erzgebirge in der Nähe des bekannten Wintersportorts Altenberg verbirgt sich bei Hirschsprung der größte verbliebene Rest eines natürlichen Bergnaturwaldes des Erzgebirges. Er breitet sich beidseitig der steilen Hänge der Großen Biela über ein 104 ha großes Naturschutzgebiet, den Weicholdswald, aus. Entgegen seiner Namensgebung besteht es aber nicht vornehmlich aus weichholzigen Baumarten. Zwar findet man entlang der Gebirgsbäche auch kleine auwaldartige Bereiche mit Erlen, Weiden und Pappeln, der größte Teil

83

der Hänge mit bis zu 200 m Höhenunterschied wird allerdings von hartholzigen Baumarten des Bergmischwaldes, wie Rotbuche, Fichten, Bergahorn und sogar einigen Weiß-Tannen gebildet. Letztere gilt im Erzgebirge aufgrund des Raubbaus am Wald für den intensiven Bergbau als weitgehend verschwunden. Was den Bestand außerdem bemerkenswert macht, ist sein hoher Anteil von Altbäumen und Totholzstrukturen. 550 Käferarten wurden in dem kleinen Naturschutzgebiet festgestellt, von dem knapp 40 ha als Naturwaldzelle ausgewiesen wurden. Hier erfolgen keine forstlichen Eingriffen mehr.

83

Der bekannte Spruch „Man sieht den Wald vor lauter Bäumen nicht" trifft hier auf so manche Fläche zu. Unter den mächtigen, hohen Stämmen der Buchen hat sich der Jungwuchs so dicht angesiedelt, dass man bis auf eine grüne Wand aus Blättern nichts vom Rest des Waldes sehen kann. Die alten Überhälter-Buchen sollen hier bereits 160 Jahre auf dem Buckel haben. In seiner Krautschicht wachsen Hainsimse, Wolliges Reitgras, aber auch die vielfingerigen Blätter des Waldmeisters und des Wurmfarns. Mehrere Forstwege führen durch den einsamen Wald. Ein sehr natürlich erscheinender See am Waldrand, der eigentlich das Überbleibsel einer Spülkippe des nahen Bergwerkes ist und von ausgedehnten Schilfrändern und Birkenwäldchen eingefasst wird, bietet wertvollen Vogel- und Amphibienlebensraum. Dass der See nicht betreten werden darf und eine reine Augenweide bleiben muss, ist der Population der Unken, Frösche und Molche sicher nicht abträglich.

→ GPS Parkplatz
50°47'24.32"N 13°44'44.66"E

→ Tipp
Der Geheimtipp für einen einsamen Waldspaziergang ist eine ca. 10 km lange Umrundung des Bielatals.

84 | Erzgebirge Burg Kriebstein

Nördlich von Chemnitz liegt die Burg Kriebstein direkt an den Ufern des Flusses Zschopau, der in den Höhen des Erzgebirges entspringt und lange der Flößerei diente. Wasser war das einfachste Transportmittel, um die Stämme aus den Bergen zu bringen. Heutzutage zeigt sich der Fluss an vielen Stellen durch Wasserkraftwerke gebändigt. Doch auch einige reißende Stromschnellen künden von der einstmals wilden Zschopau, wie jene direkt unterhalb der Burganlage. Der Wald flussaufwärts ummantelt einen 9 km langen, 1940 erbauten

84

Stausee. Das tief eingeschnittene Tal der Zschopau wartet mit riesigen Kaventsmännern von Buchen auf. Besucher dieses schönen Mischwaldes finden sich aber auch unter dem Blätterdach von Spitzahorn, Bergahorn und Eichen wieder. Besonders in Wassernähe treten die Bäume des Auwaldes wie Eschen, Erlen und Weiden in Erscheinung. Auch Nadelbaumhorste aus Fichten und Lärchen sind hier zu entdecken. Das feuchte Klima im wilden Waldtal sorgt für reichlich grünen Moosbewuchs auf den Ästen und Stämmen sowie für häufige romantische Nebelstimmung am frühen Morgen. Tagsüber vernimmt man den Ruf des Eichelhähers, und in der Dämmerung kann mit etwas Glück das durchdringende Huuuhuuuu-Rufen des

84

krähengroßen Waldkauzes hören. Der visuelle Glanzpunkt ist aber sicher Sachsens schönste Ritterburg. Burg Kriebstein wurde 1384 auf einem wuchtigen Felssporn erbaut und reckt ihre mächtige Silhouette hoch über das Waldtal. Eine schöne Sage erzählt, dass die Frauen auf der Burg während einer Belagerung aushandelten, dass sie die Feste mit dem Wertvollsten, was sie tragen können, verlassen durften. Die Belagerer waren ziemlich erstaunt, als sie sahen, wie die Frauen ihre Männer auf dem Rücken aus der Burg schleppten und nicht, wie sie gedacht hatten, ihre wertvollsten Kleider und Geschmeide.

→ **GPS Parkplatz kostenpflichtig**
51°2'27.56"N 13°0'23.72"E

→ **Tipps**
Eine Fantasie anregende Baumhausübernachtung an der Talsperre Kriebstein gefällig? www.kriebelland.de

→ Die Burgschänke „Zum Hungerturm" lädt zur Rast ein. www.burg-kriebstein.eu

→ Ein ca. 20 km langer Wanderweg verbindet den schönen Rundweg um die Talsperre Kriebstein mit einem Burgbesuch.

85 | Elbsandsteingebirge Bielatal

Der Fels des Elbsandsteingebirges entstand dereinst als Sediment auf dem Boden eines Meeres der Kreidezeit und bildet heute eine bis zu 600 m dicke Schicht. Die Elbe und ihre Nebenflüsse umspülten das Gestein und fraßen tiefe Talformationen hinein. Ein Prozess, der bis heute anhält. Irgendwann, in ein paar Hunderttausend Jahren, wird die Pracht gänzlich in die Nordsee fortgespült worden sein. Der grandioseste Teil des Elbsandsteingebirges steht im Nationalpark Sächsische Schweiz unter Schutz. Das Quellgebiet der Biela liegt hinter der tschechischen Grenze zu Füßen des Hohen Schneeberges. Wasserläufe sind im Elbsandsteingebirge wegen der Durchlässigkeit des Gesteins eher selten, dann aber umso faszinierender. An ihren Ufern stößt man auf schmale Streifen Auwald mit Erlen und Eschen, aber auch auf Bach-Hochstaudenfluren mit Pflanzen wie Pestwurz und Sternmiere. Daran schließen sich im feuchten, kühlen Klima des Talgrundes dunkle, bodensaure Tannen-Fichten-Buchenwälder mit ihrer montanen Bodenvegetation an. An den Ufern der Biela können geduldige Besucher die Gebirgsstelze beim Hüpfen von Stein zu Stein beobachten, den metallisch

85

blau glänzenden Eisvogel vorbeihuschen sehen oder der Wasseramsel beim Tauchen nach Nahrung zuschauen. Mit ganz viel Glück stößt der Waldbesucher sogar auf Fischotter. Im strengen Gegensatz zum kühlen Kellerklima des Waldtales stehen die Gipfel der Felsentürme. Die bekanntesten unter ihnen sind die „Herkulessäulen". Nicht minder spektakulär sind die anderen 229 Felszacken, Spitzen und Dome, die über die Baumwipfel ragen. Die Gipfel dieser exponierten Felsriffe bilden eine natürliche Verbreitungsgrenze des Waldes, weil in der extrem flachgründigen Bodendecke im Sommer Temperaturen von 60 °C erreicht werden und nur das Wachstum von anspruchslosen Strauchheiden und Moosen zulassen. Ist etwas mehr Boden vorhanden, haben sich Kiefernhaine mit subkontinentalen Anklängen ausgebreitet, die als recht artenarm gelten. Zwischen Adlerfarn und Heidekraut findet man hier auch Birkenwäldchen. Die Biela mündet unterhalb der spektakulären Festung Königstein, die auf einem fast 10 ha großen Felsplateau mehr als 200 m hoch über dem Elbstrom thront, in die Elbe.

→ GPS Parkplatz kostenpflichtig
50°50'21.28"N 14°2'41.90"E

→ Tipp
Wildes Übernachten: Die Trekkingroute „Forststeig" ermöglicht es Wanderern von April bis Oktober, auf 100 km Strecke die linkselbische Landschaft des Elbsandsteingebirges grenzüberschreitend innehrhalb mehrerer Tage zu erkunden. Übernachtet werden kann in Trekkinghütten oder auf ausgewiesenen Biwakplätzen mit Wildnisfeeling mitten in der Natur. Zur Nutzung benötigt man ein sogenanntes Trekkingticket. www.forststeig.sachsen.de

86 | Elbsandsteingebirge Tafelberge

Auf der südlichen Elbseite rund um das Dorf Papstdorf trifft der Besucher auf eine Mischung aus offenen, von Weiden und Landwirtschaft geprägten Ebenen und bewaldeten Tafelbergen, die aus der Landschaft fast wie überdimensionale Ozeanriesen aus dem Meer herausragen. Der Pfaffenstein ist geologisch mit seiner etwas länglichen Tafelbergform besonders faszinierend, denn er zeigt sich bei näherer Betrachtung zerklüftet wie ein Schweizer Käse. Zerteilt von atemberaubenden Schluchten und Rinnen finden wir auch hier die verschiedensten Waldsituationen vor. Alte Buchen, die als Überhälter mit der Höhe der Felsen konkurrieren, bucklige Vogelbeeren, die in einer Felsritze ihr karges Auskommen fristen, oder von Wind und Schnee gebeugte Kiefern, die mutig an der Felsenkante stehen, wie ein Kletterkünstler, der sich weit vorstreckt, um mehr vom Felsen zu sehen. Auf abgestorbenen Stämmen, die mit Moos besetzt sind, stehen Reihen aus mehrjährigen Fichten, Birken und Buchen in Warteposition. Sollte sich das Kronendach einmal öffnen, können sie aus der besten Startposition loswachsen und die Konkurrenz am Boden besiegen. Schwefelgelbe Flechten siedeln auf den Sandsteinfelsen und sorgen für farbenfrohe Flächen im Felsenlabyrinth. Auswaschungen im Sandstein gleichen Totenkopfgesichtern mit ihren leeren, bemoosten Augenhöhlen. Ein absolut wilder Platz ist auch die kleine Aussichtskanzel vor der Barbarine, ein weiteres Wahrzeichen der Sächsischen Schweiz. Eine Sage erzählt davon, dass die schlanke Felsnadel einst ein Mädchen war,

86

das, anstatt die Kirche zu besuchen, sich lieber im Wald aufhielt und zur Strafe durch einen Fluch von ihrer Mutter in eine Steinfigur verwandelt wurde. Wer hier in der blauen Stunde den dunklen, mystisch wirkenden Sandstein betrachtet, kann das Märchen fast für bare Münze nehmen. Von der Sonne angeschienen, erwacht der Fels zu neuem Leben und strahlt in allen möglichen Ockertönen. Das Laub der umstehenden Birken leuchtet im Herbst in einem hellen Gelb. Ähnliche Momente lassen sich auch auf den anderen Tafelbergen der Gegend erleben. Dazu gehören der Gohrisch, der Papststein oder die tief im Wald liegenden Zschirnsteine.

→ GPS Parkplatz
50°53'47.21"N 14°5'41.17"E

→ Tipps
Einkehrmöglichkeit in der Berggaststätte Pfaffenstein direkt unterhalb des 29 m hohen Aussichtsturmes.

→ Auf einer Rundwanderung kann man leicht mehrere Tafelberge zu einer Runde verbinden, ca. 12 km.

87 | Nationalpark Sächsische Schweiz – östlicher Teil

Das Elbsandsteingebirge südlich von Dresden begleitet das Elbtal zwischen Děčín in der Tschechischen Republik bis nach Pirna. Durchsetzt mit Felsenriffen, Tafelbergen und frei stehenden Türmen zeigt das kleine Mittelgebirge fantastische Verwitterungsformen, wie sie in Deutschland so konzentriert auf engem Raum einmalig sind. Ein Anblick, der auch schon bekannte Maler wie Caspar David Friedrich und Ludwig Richter dazu brachte, ihre Staffelei in der wilden Szenerie aufzustellen und die Eindrücke auf Leinwand und Papier zu verewigen. Bis ins 13. Jahrhundert verirrten sich nur wenige Menschen in die dichten Wälder der Region. Dann ging es Schlag auf Schlag. Rodungen, Flößerei, Urbarmachung für die Landwirtschaft und der Sandsteinabbau hinterließen Spuren im Wald. Um die letzten Reste der ursprünglichen Vegetation zu schützen und geometrische Forstflächen wieder zurück in den

87

Urwaldzustand zu versetzen, wurde 1990 der Nationalpark Sächsische Schweiz ausgewiesen. Von der Elbe ab Bad Schandau erstreckt sich der südliche Teil des Parks in Richtung Osten. Zwischen Felsformationen mit skurrilen Namen wie Affensteine, Zauberberg oder Sandlochwächter können Besucher auf ausgewiesenen Pfaden durch das Felsenlabyrinth wandern oder klettern. Die Stiegen „Häntzschelstiege" und „Wilde Hölle" sind mit ihren steilen Aufstiegen noch keine echten Klettersteige, aber für den Abenteuer suchenden fitten Wanderer eine schöne Herausforderung.

Im Tal der Kirnitzsch findet man nicht nur rauschende Stromschnellen, sondern auch den höchsten Baum Sachsens, eine 60 m hohe Fichte mit einem Umfang von gut 5 m. Bachforelle, Atlantischer Lachs, Äsche und das Bachneunauge tummeln sich in ihrem als sehr sauber geltenden Wasser. Alte Buchen und Fichten in erstaunlichen Dimensionen pflastern die Wanderwege im Bereich Kleiner und Großer Zschand. Manch ein Stamm ist abgebrochen, treibt aber aus dem rudimentären Strunk erneut grüne Reiser, die sich später zu mächtigen kerzenständerartigen Sekundärstämmen entwickeln können. Die Astetagen gebeugter Kiefern wiegen sich im frischen Aufwind. Die Aussichten auf benachbarte Felsengruppen, den dichten Waldmantel des Nachbartales oder über die Elbkurven sind atemberaubend.

87

→ GPS Parkplatz kostenpflichtig
50°55'14.70"N 14°9'27.82"E

→ Tipps
Wildes Übernachten ist hier an ausgewiesenen Stellen immer noch möglich. Dabei übernachtet man ohne Zelt und

Lagerfeuer im Schlafsack in Höhlen oder unterhalb einer überstehenden Felswand, auch Boofen genannt.

⟶ Eine fantastische Runde führt vom Lichtenhainer Wasserfall zum Wildenstein, Frienstein und über den Oberen Affensteinweg zurück, ca. 14 km.

⟶ Die Kirnitzschtalbahn, kann man ab Bad Schandau hervorragend für den stressfeien Zugang in den Nationalpark ohne Auto nutzen. www.ovps.de

88 | Nationalpark Sächsische Schweiz Bastei

Das längliche Felsenriff der Bastei, das sich im westlichen, kleineren Teil des Nationalparks Sächsische Schweiz direkt über dem Kurort Rathen befindet, steht wie ein überdimensionaler Laufsteg aus der Landschaft heraus und gilt als die berühmteste Felsformation der Sächsischen Schweiz. Sicher einer der Gründe, warum sich internationale Filmproduktionen hier die Klinke in die Hand geben. Hollywood-Blockbuster wie „Die Chroniken von Narnia" wurden hier gedreht. Was den Felsen so anziehend macht, ist seine leichte Zugänglichkeit zur spektakulären Aussicht über das fast 200 m tiefer gelegene Elbetal und der kombinierte Fernblick hinein in die von Wald ummantelten Felsentürme im Inneren des Nationalparks. Dazu tragen auch die Basteibrücke, die

88

1851 hervorragend in die Landschaft eingepasst wurde, und die Felsenburgruine Neurathen bei. Doch trotz der Tatsache, dass jährlich Millionen Besucher hierherkommen, gibt es für Waldliebhaber eine Menge zu sehen, denn der „Hotspot" ist nur ein kleiner Ausschnitt der Waldlandschaft. Wer sich die Mühe macht, auf den Wanderwegen die Umgebung zu erkunden, kann unterschiedlichste Waldgesellschaften entdecken. Das liegt darin begründet, dass die großen mikroklimatischen Standortsunterschiede zwischen Canyons und Gipfeln unterschiedlichste Waldgesellschaften direkt nebeneinander wachsen lassen. Auwälder stehen auf engstem Raum neben lichten Eichen-Hainbuchenwäldern, feuchten Schluchtwäldern mit Linden und Ahorn oder Buchenwäldern verschiedener Ausprägung, außerdem gibt es die über allem thronenden Reliktkiefernwälder auf den Spitzen der Tafelberge. Die für Menschen gesperrten Felsen im Kerngebiet bieten Vogelarten wie dem extrem seltenen Wanderfalken Brutmöglichkeiten, der hier eine der größten Populationen Mitteleuropas aufbauen konnte. Auch Mauersegler und Uhu finden hier ihre Quartiere in Felsnischen ebenso wie zum Beispiel die Zwergfledermaus. Ein besonders wildes Erlebnis bietet sich, wenn man sich von der Bastei abwendet und den verschachtelten Wegen folgend durch die Felsenriffe spaziert. Mal wandert man zwischen leuchtend grünen, mit Moosteppichen bewachsenen Felsen, dann steigt man durch Felsentore und erklimmt steile, in den Sandstein gehauene Treppen. Auf dem Waldboden verlaufen ausufernde Wurzelwerke, da sie nicht so leicht in den Fels dringen können. Es ist eine pure Freude, hier unterwegs zu sein.

→ GPS Parkplatz kostenpflichtig
50°58'1.33"N 14°3'55.14"E

→ Tipps
Wer die extrem überlaufene Felsenattraktion ganz für sich allein haben möchte, kann frühmorgens im Winter vorbeischauen. Von Rathen aus führt eine einfache, knapp 5 km lange Wanderung hinauf zur Bastei und zurück.

→ Mit Panoramaaussicht speist es sich gut im gemütlichen Bergrestaurant Bastei. www.berghotel-bastei.de

→ Im Nationalparkzentrum im Herzen Bad Schandaus wird in kurzweiligen Ausstellungen Natur- und Umweltbildung vermittelt.
www.nationalpark-saechsische-schweiz.de

88

KAPITEL FÜNF

Wälder des Südwestens

Der Südwesten beeindruckt mit den größten zusammenhängenden Waldgebieten Deutschlands.

Im Schwarzwald leben seit Generationen viele Menschen von und mit dem Wald. Sie haben das Bild von den tiefen, dunklen, turmhohen Tannenwäldern geprägt, in denen Wasserfälle flüstern. Gipfelblicke bis in die Alpen, tiefe Karseen, weite Moorhochflächen und der junge Nationalpark Schwarzwald warten darauf, entdeckt zu werden. Sehr heimliche Arten wie Siebenschläfer, Wildkatze und Luchs haben im sonnenverwöhnten Pfälzer Wald ein Zuhause, der schon allein wegen seiner Größe eine Sonderstellung einnimmt. Hier stößt der Besucher auf artenreiche Kiefern- und Buchenwälder, die gespickt sind mit mächtigen Sandsteinformationen. Wie Riffe aus einem Ozean ragen diese mitunter aus dem Wald. Auf beinahe jedem Hügel versteckt sich eine Burgruine mit einer faszinierenden Geschichte. Im Saarland findet man sogar direkt vor den Toren der Hauptstadt einen angehenden Urwald. Die Saarschleife wird begleitet von Eichentrockenwäldern an steilen Hängen. Ähnliche Waldgesellschaften aus Hangschutt und Schluchtwäldern kann man in den Tälern entdecken, die von kleinen Flüssen im Lauf der Jahrtausende aus der Hochfläche Schwäbische Alb gewaschen worden sind. Ihre steilen Hänge zieren schneeweiße Kalksteinfelsen, tiefe Höhlensysteme und unzählige Burgruinen. Zu ihren Füßen liegt der magische Blautopf. Die Rheinebene zeigt sich mit Auwäldern, in denen dicke Weiden- und Pappelveteranen überlebt haben. Ihre Wurzelsysteme sind mittlerweile wieder der natürlichen Flussdynamik ausgeliefert. Im sagenumwobenen Odenwald stößt man in den Seitentälern des Neckars auf ausufernde Felsenmeere und kurze, aber spektakuläre Wasserfallschluchten. Die Schluchtwälder der Wutach, die auch den längsten Canyon Deutschlands beherbergt, sind eine magische Welt für sich, in der zwischen moosbewachsenen Ahorn- und Lindenstämmen das beständige Pulsieren des Wassers zu hören ist. Die Ufer des glasklaren Bodensees werden nicht nur begleitet von Badebuchten, sondern auch von alten Buchenwäldern und endemischen Blütenpflanzen. In fast allen Teilen des Südwestens lässt sich das Walderlebnis mit dem Besuch pittoresker Fachwerkdörfer und dem Blick auf weite Wiesenflächen, die mit alten Solitärbäumen und einer artenreichen Blumenflora aufwarten, verbinden. Ganz wilde Naturen können auf einem der versteckt gelegenen, offiziellen Waldübernachtungsplätze ihre Zelte aufstellen und die Sterne zwischen den Kronenlöchern des Waldes beobachten, während einen der markante Schrei des Waldkauzes einen wohligen Schauer über den Rücken jagt.

Südwesten

89 – 108

Kassel
Köln
Siegen
Erfurt
Bonn
Rhein
Koblenz
Frankfurt
am Main
Main
Mosel
Würzburg
Trier
96
97
Neckar
89
Kaiserslautern
Nürnberg
98
91
90
93
Saarbrücken
94
92
95
Karlsruhe
Stuttgart
Ingolstadt
99
100
101
105
104
106
Augsburg
107
102
103
108
Lindau

89

89 | Merzig Saarschleifenwald

Im Herzen des Dreiländerecks, nahe der Grenze zu Luxemburg und Frankreich, liegt die Saarschleife von Mettlach wie ein überdimensionales U in einem bergigen Waldgebiet und ist wohl das bedeutendste Wahrzeichen des Saarlandes. Bekannt für den grandiosen Ausblick am Scheitelpunkt der engen Kurve wurde dort ein Baumkronenpfad errichtet, der mit seinem Turm nicht nur die Aussicht nochmals verbessert, sondern auch faszinierende Einblicke in den Wald der Region bietet. Der zeigt sich als äußerst vielgestaltig. Während in den Plateaulagen vor allem Buchenwälder mit eingemischten Eichen die Kronenschicht dominieren, sieht es an den steilen Hängen ganz anders aus. In dem Hangschuttwald, der die Ufer der Saar begleitet, wachsen krummholzige Eichen, Hainbuchen und Ahornbäume, je nach Hangneigung mal mehr oder weniger offen. Aus dem Wald herausragende Felsenriffe aus Buntsandstein oder Taunusquarzit bereichern den Lebensraum mit wärmeliebenden Arten. Mancherorts besiedelt die gelbe Schwefelflechte die Felsen. Das Wasser des unter Naturschutz stehenden Steinbachs durchfließt ein steiles Seitental, in dem ein wilder Schluchtwald aus Ahorn, Erlen, Eschen und Ulmen gedeiht. Gebirgsstelze und Wasseramsel springen hier von Stein zu Stein. Bei guten Wasserständen rauscht ein Wasserfall laut vernehmlich in Richtung Saar. Beeindruckende Exemplare von Buchen und Eichen stocken auf dem Bergrücken in der Flussmitte. Die Halbinsel ist auch Sitz der Burgruine Montclair, die einst zur Kontrolle der Handelswege entlang des Flusses errichtet worden ist. Die Fußgängerfähre Welles erleichtert den Zugang zum Bergrücken und schafft neue Perspektiven vom Wasser aus.

89

⟶ GPS Parkplatz kostenpflichtig
49°30'15.59"N 6°31'58.16"E

⟶ Tipps
Am Baumwipfelpfad wartet ein Abenteuerwaldspielplatz auf kleine Besucher.
www.baumwipfelpfade.de/saarschleife

⟶ Abenteuerlich mit dem Baumzelt am Rande eines Kliffs der Saar übernachten? Das geht bei Cloefhänger: www.cloefhaenger.com

⟶ Die 16 km lange Tafeltour Saarschleife führt durch alle Facetten des Kurvenwaldes.

90 | Saarbrücken Urwald vor den Toren der Stadt

Unmittelbar nördlich vor den Toren der Landeshauptstadt Saarbrücken liegt der 4400 ha große Saarkohlenwald. In einem 1003 ha großen Teilgebiet sind die Motorsägen seit 25 Jahren ausgeschaltet. Dieses als „Urwald vor den Toren der Stadt" bezeichnete Areal mit einem Einzugsgebiet von 400 000 Menschen wird von Laubwaldbeständen geprägt. Im hiesigen Hainsimsen-Buchenwald findet man bis zu 200 Jahre alte Buchenveteranen. Aufgrund der wüchsigen Böden gelten sie als die höchsten ihrer Art im Saarland. Außerdem hat sich auch in den jüngeren Beständen schon eine ganze Menge des für die Vielfalt des Lebens im Wald so wichtigen Totholzes angesammelt. Dort, wo Tonschichten zu Stauwasser führen, wird die Buche von Eichen-Hainbuchenwäldern abgelöst. In den zahlreichen Quellgebieten stocken Winkelseggen-Eschenwälder oder Erlenbruchwälder, die auch bachbegleitend auftreten. Einige aus der Zeit des Bergbaus der Region stammende Halden sind bereits vom Wald zurückerobert worden, wie der wegen seiner Form als „kleiner Fuji" benannte Haldenberg. Neben der guten Ausstaffierung mit „gewöhnlichen" deutschen Waldarten ist die Wiedereroberung des Waldes durch seltene Tierarten aufgrund der den

90

Wald umschließenden Verkehrsadern erschwert. Dennoch findet man bereits seltene Arten wie die Kahlrückige Waldameise und den Kleinen Hirschkäfer. Von den 150 hier vorkommenden Moosarten ist das Dicranum tauricum ein Phänomen. Deutschlandweit wächst es nur im Saarland an Buchenstammfüßen. Was auf den ersten Blick wie eine kleine, biologische Sensation klingt, ist tatsächlich auf die Industriestäube der Stahl produzierenden Hütten zurückzuführen, die es zu seiner Existenz benötigt. In den Bachtälern wie dem Netzbachtal kann der aufmerksame Besucher Gelbbauchunken und Feuersalamander beobachten. Rotmilan, Sumpfmeise und Waldkauz gehören ebenfalls zu den Urwaldbewohnern. Die seltene Hohltaube brütet in Höhlen, die vom Schwarzspecht gezimmert worden sind. Auch seine Kollegen Grau-, Mittel- und Kleinspecht kann man hier bei einem Waldbesuch hämmern hören.

→ **GPS Parkplatz**
49°17'29.66"N 6°58'47.93"E

→ **Tipps**
Mitten im Wald wartet das Naturfreundehaus Kirschheck auf hungrige Gäste. www.naturfreunde.de/haus/naturfreundehaus-kirschheck

→ Das Waldinfozentrum Forsthaus Neuhaus bietet reichlich Lernstoff. www.saar-urwald.de

→ Auf der 8 km langen „Urwald Tour" kann man vom Forsthaus Neuhaus den angehenden Urwald erkunden.

90

91 | Pfälzer Wald Karlstalschlucht

Der 26 km lange Bach Moosalbe, der sich im westlichen Pfälzerwald etwa 10 km südlich von Kaiserslautern bei Trippstadt befindet, formt hier auf etwa 4 km Länge die romantische Karlstalschlucht. Das felsige Kerbtal bietet dem Besucher riesenhafte Blockhalden und Felsenmeere mit engen Durchbrüchen und wurde 1983 zum Naturschutzgebiet erklärt. Das munter dahinströmende, klare Wasser der Moosalbe bietet Platz für die Wasseramsel und das Bachneunauge. Dort, wo es sich an den Felsen staut, entstehen kleine

91

Wasserfälle. Zwischen den teilweise autogroßen Felsbrocken an den Seitenwänden des Tales breitet sich verblüffenderweise ein herrlicher Buchenwald aus, der nur wenige der ansonsten für Schluchtwälder typischen Baumarten wie Eiche, Ahorn und Esche beherbergt. Da der Wald sich selbst überlassen bleibt, entdeckt man an vielen Bäumen die konsolenförmigen Fruchtkörper des Zunderschwamms und Bereiche mit vom Sturm gebrochenen Stämmen. Die Vielzahl der Farnarten und die mannigfaltige Moosflora stechen besonders ins Auge. Immerhin 170 Moosarten konnten hier im Zuge einer wissenschaftlichen Untersuchung nachgewiesen werden.

89

Das Moosalbtal wird wegen seiner industriellen Geschichte der Eisenverhüttung und -bearbeitung auch Hammertal genannt, da die Hämmer mittels Mühlen angetrieben wurden. Das nahe Trippstädter Barockschloss lockt mit einem französischen Garten und beeindruckenden Parkbäumen und macht den Besuch im Karlstal noch eindrucksvoller.

⟶ GPS Parkplatz
49°21'16.47"N 7°45'6.88"E

⟶ Tipp
Von Trippstadt aus führt der Rundwanderweg Karlstalschlucht über 10 km durch Wald und Schlucht.

92 | Pfälzer Wald Trifels

Die Stadt Annweiler liegt mitten im südlichen Pfälzer Wald und ist ein Teil des Wasgaus. Gleich östlich des Ortes erhebt sich ein bewaldeter Bergrücken, aus dem die Höhenburg Trifels über einem dreifach gespaltenen Buntsandsteinfelsen herausragt. Die 1081 erstmals schriftlich erwähnte Burg war eine der bedeutendsten Burgen des Mittelalters. Im weiteren Verlauf des Höhenzuges trifft man auf die Ruinen Anebos und Münz. Auch der Wald in dieser Region hat eine lange Geschichte der Ausplünderung und Übernutzung hinter sich, in deren Folge es zu Aufforstungsbemühungen mit bevorzugten Nadelhölzern kam. Dennoch ist der ursprüngliche Hainsimsen-Buchenwald hier noch mit einem größeren Anteil vertreten. Oft mischen sich auch Birken, Eschen und Edelkastanie in die Kronenschicht. Gerade an den sonnigen Hängen dominiert aber häufig die Kiefer. Eine der höchsten Erhebungen der Region ist der 577 m hohe Rehberg. Er bietet einen grandiosen

92

Aussichtsturm mit 360-Grad-Blicken. Auf seiner schattigen Nordostseite wachsen größere Bergmischwälder, die im Unterwuchs Arten wie den Waldschwingel oder den Rippenfarn beherbergen und in der Baumschicht mit der im Pfälzer Wald ansonsten eher seltenen Weißtanne durchsetzt sind. Der Baum befindet sich hier am Rande seines natürlichen Verbreitungsgebietes. Am Nordwesthang des Rehbergs stockt dagegen ein Bestand mit charaktervollen, mehr als 200 Jahre alten 200-jährigern Kiefern. Die Ameisen im Gebiet sind sehr fleißig, denn ihre Baue zeigen sich stets als große Hügelnester. Auch der scheue Siebenschläfer lebt hier, der seinem Namen getreu, ein echter Winterschläfer ist. Mächtige Felsenriffe aus Buntsandstein schauen immer wieder aus dem Waldmantel heraus und bieten Brutplätze für Wanderfalken. Größere Edelkastanienbestände kann man dagegen an der östlichen Kante des Gebiets am Haardt im Übergang zur Rheinebene finden. Der wärmeliebende, auch Esskastanie genannte Baum kam mit den römischen Legionären hierher, welche ihre Früchte als Wegzehrung nutzten. In dieser Ecke grenzt der Wald an die Weinstraße, die für das wärmste Klima Deutschlands bekannt ist und mit ihren Weinbergterrassen, Mandelbäumen und idyllischen Winzerdörfern einen Besuch in der Region zusätzlich attraktiv macht.

⟶ GPS Parkplatz
49°11'21.93"N 7°59'27.39"E

⟶ Tipps
Mit den Plätzen Leinsweiler und Annweiler locken gleich zwei Übernachtungsmöglichkeiten Freunde kleiner Abenteuer in den nächtlichen Wald. www.trekking-pfalz.de

⟶ Eine höhenmeterreiche ca. 10 km lange Wanderrunde führt von den Trifelsburgen hinauf zum Rehbergturm und passiert dabei verschiedene Waldbilder und Felsformationen.

93 | Pfälzer Wald Eußerthal

Das Eußerthal gräbt sich etwa 10 km östlich von Landau in den Buntsandstein des Pfälzer Waldes. Aufgrund dessen, dass die talbegleitende Straße als Sackgasse endet, beherbergt das Gebiet besonders ungestörte Waldlandschaften. Dazu gehört das Naturwaldreservat Eußerthal am Eingang des Talkessels, in dem sich ein stammreicher Hainsimsen-Traubeneichen-Buchenwald ausbreitet. Hier dominieren die Traubeneichen. Buchen, Hainbuchen und einige Individuen der seltenen Elsbeeren sind aber ebenfalls anzutreffen. Besonders entlang der Nebentäler breiten sich beeindruckende bis zu 130 Jahre alte Buchenmischwälder aus. Zwischen ihren Kronen stehen immer wieder alte

93

93

Kiefern wie graue Eminenzen, die ihr Dasein mit schmalen Kronen fristen, weil sie langsam von den Buchen ausgedunkelt werden. Gleichzeitig stoßen Besucher auf wirtschaftlich lohnende Douglasienbestände und Lärchenflächen mit langen Stämmen, und natürlich die typischen Kiefernwälder. Exponierte Hangkanten zeigen sich als Buntsandsteinfelsen, die nicht weit über das Walddach hinausragen. In ihren Felsritzen wachsen bonsaiartige Kiefern mit verkrümmten Stammformen. Ganz nebenbei bieten sich grandiose Ausblicke, wie zum Beispiel am Beutelsbergfelsen, an. Im Bachbett des Eußertales, das von Erlen, Eschen und Weiden begleitet wird, kann man den seltenen Schlammpeitzger im Wasser entdecken oder dem Eisvogel beim Jagen zuschauen. Kleine Reste von historischen Weidewäldern mit Eichen und mehrstämmigen Hainbuchen und Haselbüschen runden einen Besuch im Tal ab.

⟶ GPS Parkplatz
49°14'56.52"N 7°57'34.54"E

⟶ Tipps
Als Familienwanderweg führt der „Eußerthal Rundweg" auf 6 km durch Wald und Wiesen.

⟶ Im Tal wartet ein Trekkingplatz, auf dem man mit seinem Zelt im Wald nächtigen kann.
www.trekking-pfalz.de

94

94 | Pfälzer Wald Dahner Felsenland

Das Dahner Felsenland, das sich rund um den gleichnamigen Ort im Pfälzer Wald erstreckt, ist eine bergige Landschaft mit geschlossener Bewaldung und Erhebungen bis zu 400 m. Das Gebiet wird vor allem wegen seiner eindrucksvollsten Buntsandstein-Felslandschaften gepriesen, die sich überall im naturnahen und von Kiefern geprägten

94

Mischwald verstecken. Felsgebilde mit Namen wie Lämmerfelsen, Büttelfels und Buchkammerfels stehen wie die Türme von Burgruinen aus dem Kronendach des Waldes heraus. Auch mehr als ein Dutzend mehr oder weniger zerfallene Burgruinen kann man auf den Erhöhungen der buckeligen Landschaft entdecken. Besonders imposant sind die mit den Felsstrukturen verwobene Ruine von Altdahn sowie die spektakulär gelegene Burg Drachenfels. An den besser versorgten Standorten wachsen Hainsimsen-Buchenwälder, in denen auch Kiefern stocken. Eine Besonderheit ist die Lanzettblättrige Glockenblume, die nur hier im Pfälzerwald, in den Nordvogesen und im Taunus anzutreffen ist. Auf sonnenbeschienenen Felshängen trifft der Besucher dagegen auf von Eichen dominierte Trockenwälder. In diesen trocken-warmen Lebensräumen kann man auch die ungiftige Schlingnatter und ihre Leibspeise, die Mauereidechse, entdecken. Turmhohe und mehr als 200 Jahre alte Furniereichen verstecken sich dagegen an den Hängen rund um das Walddorf Schönau. Die Vielfalt der Landschaft wird durch ausgedehnte Tal- und Streuobstwiesen bereichert, auf denen das Breitblättrige Knabenkraut, Lungenenzian und die Prachtnelke wachsen, ein Paradies auch für Großschmetterlingsarten. Ein reines Fabelwesen ist dagegen das „Elwetritsche", ein Vogelwesen, das im Schutz des Waldes im Dahner Felsenland nur nachts zu entdecken sein soll.

→ **GPS Parkplatz kostenpflichtig**
49°8'30.74"N 7°46'11.82"E

→ **Tipps**
Der beliebte Rundweg „Dahner Felsenpfad" führt auf 12,5 km durch die hiesigen Wälder und an spektakulären Felsformationen vorbei.

→ Ein wilder Übernachtungsplatz liegt beim nahen Hauenstein. www.trekking-pfalz.de

95 | Pfälzer Wald Altschlossfelsen

Zu den beeindruckendsten Felsen im gesamten Pfälzer Wald gehört der Altschlossfelsen, der sich an der französischen Grenze südwestlich der Ortschaft Eppenbrunn in einem dichten Wald versteckt. Sein Gestein hat seinen Ursprung vor etwa 245 Millionen Jahren in Ablagerungen auf dem Boden eines Urmeeres. Verwitterung nach Anhebung der Landschaft führte dann zur Abtragung der weicheren Gesteinsschichten und ließ einen 1,5 km langen und bis zu 30 m hohen Kern in Form der Altschlossfelsen in der Landschaft zurück. Sie sind vor allem für ihre schillernden Rottöne, Felsspalten und Wabenstrukturen berühmt. Bei Beobachtern werden so leicht Vergleiche an die Felslandschaften im Südwesten der USA wachgerufen. Zu diesem Vergleich mag auch beitragen, dass bei Sonnenuntergang im Frühjahr und Herbst, wenn die Bäume nicht voll belaubt sind, ein magisches rotes Felsenglühen erstrahlt. Der Wald selbst zeigt sich als Mischung aus Hainsimsen und Kiefern-Buchenwald. Im Bereich der Felsen stehen zahlreiche ellenlange Altbuchen, die mit ihren grauen Säulenstämmen die Felsen überragen. Auch Luchse haben hier ihr Territorium. Sie wurden seit 2016 im Zuge eines Auswilderungsprojekts erfolgreich wieder angesiedelt und können sich bereits weiterverbreiten. Auch das Auerhuhn lebt in den durch Publikumsverkehr wenig beeinträchtigten Bereichen des Waldes. Die durch das Gebiet fließenden Quellbäche des Eppenbrunner Bachs sind als Naturschutzgebiet ausgewiesen und werden von Sümpfen, Quellen

95

und Stauweihern begleitet, in denen ein naturnaher Bruch- und Auwald stockt. Erlen, Eschen und Ahorn sind hier häufige Baumarten.

→ **GPS Parkplatz**
49°6'55.23"N 7°33'13.68"E

→ **Tipps**
Auf einer knapp 11 km langen Runde durch den vielgestaltigen Wald kommt der Wanderweg „Altschlosspfad" auch am berühmten Felsenriff vorbei.

→ Einen Baumwipfelpfad und ein Infozentrum warten in Fischbach. www.biosphaerenhaus.de

96 | Rheintal Kühkopf-Knoblochsaue

Der Rhein schlängelt sich nördlich von Worms durch eine ebene Landschaft und formte ca. 13 km weiter nördlich der Stadt eine große Schleife aus, die Mitte des 19. Jahrhunderts im Zuge der Schiffbarmachung durch einen Dammbau vom Hauptarm des Flusses getrennt wurde. Der Stockstadt-Erfelder Altrhein-Arm umschließt

95

das 1952 unter Naturschutz gestellte Gebiet „Kühkopf-Knoblochsaue", das wegen seiner reichlichen ökologischen Artenausstattung auch gern als Schatzinsel bezeichnet wird. Im Zuge der Renaturierung des Schutzgebietes durch eine Aufgabe der Deichpflege, hat sich wieder eine natürliche Hochwasserdynamik eingestellt. Die häufig überschwemmten Weichholzauen haben so wieder mehr Platz. Hier wachsen knorzige Kopfweiden und turmhohe Schwarzpappeln, in deren Kronen sich die Schmarotzerpflanze Mistel mitunter wie in kleinen Wolken ausbreitet. Den Hartholzauwald mit Eichen, Feldulmen und Eschen findet man dagegen in den wasserferneren Bereichen. In den schon immer schwer zu bewirtschaftenden nassen Wäldern hat sich eine große Zahl von Altbäumen erhalten, in deren Totholz eine Vielzahl seltener Käferarten überleben konnte. Hirschkäfer und Heldbock sind Beispiele dafür. Die ausgedehnten Sumpfgebiete mit ihren Verstecken und Schilfflächen bilden wichtige Rast- und Brutplätze für unzählige Vogelarten. Haubentaucher, Blaukehlchen, Zwergdommel, Schwarzmilan und Drosselrohrsänger gehören dazu. Auch der seltene Moorfrosch findet dort Verstecke zum Überleben. Offene, extensiv bewirtschaftete Überschwemmungswiesen, auf denen mehrere Tausend Apfel-, Birnen-, Pflaumen- und Nussbäume stehen, sind ein Relikt ehemaligen Obstanbaus. Nicht nur die Wiesen sind ein Eldorado für Großschmetterlingsarten wie den Dunklen Wiesenknopf-Ameisenbläuling und die Spanische Flagge. Im Frühjahr breiten sich in der Hartholzaue riesige weiße und blaue Teppiche von Bärlauch und Blausternen aus. Pflanzenliebhaber finden außerdem Kuriositäten wie Mammutbäume und uralte Platanen am Wegesrand.

→ **GPS Parkplatz**
49°48'47.28"N 8°27'49.71"E

→ **Tipp**
Ein 14 km langer Wanderweg führt von Stockstadt durch die Aulandschaft und rund um die gesamte Insel.

97 | Odenwald Felsenmeer Lautertal

Gleich oberhalb der Ortschaft Lautertal, etwa 5 km östlich von Bensheim, befindet sich der 514 m hohe Felsberg, von dem 168 ha als Naturschutzgebiet ausgewiesen worden sind. Wie um seinem Namen gerecht zu werden, ist seine südliche Flanke von einem Meer aus Felsen bedeckt. Es bildet den Rest eines vor 350 Millionen Jahren durch einen

97

kontinentalen Zusammenstoß aufgetürmten, bis 4000 m hohen Gebirges, das später über einen Zeitraum von Jahrmillionen durch unablässige Erosion abgetragen worden ist. Die spektakulären geologischen Fakten helfen beim Verstehen dieses Naturwunders. Noch schöner aber ist es, zwischen den Felsen und dem umgebenden Waldmeister-Buchenwald auf eigenen Füßen umherzustreifen. Alte Buchen, Bergahorn, Eschen und Eichen haben versucht, sich zwischen, auf, unter oder neben den mitunter 40 bis 50 Tonnen schweren rundlichen Felsen anzu-

97

siedeln. Andere Felsen lassen sich erklettern, was auch ausdrücklich erlaubt ist. Kinder finden hier ein luftiges Outdoorspielzimmer voller Riesen, Kobolde und Zwerge. Schon die Römer nutzten die Felsen zur Herstellung von Steinsäulen. Eine unvollendete Säule ist im Felsenmeer zu besichtigen. Während das Blätterdach im Wind raschelt, schallen die Trommelschläge des Schwarzspechtes durch den Wald. Vielleicht die schönste Zeit für einen Besuch ist das Frühjahr, wenn am Boden Buschwindröschen, Waldmeister, Bingelkraut, Lerchensporn und Bärlauch blühen.

→ **GPS Parkplatz kostenpflichtig**
49°43'14.26"N 8°41'35.70"E

→ **Tipps**
Das Felsenmeerinformationszentrum visualisiert unter anderem die Entstehung des Gebietes.
www.felsenmeer-zentrum.de

→ Eine kurze, aber faszinierende Wanderung führt auf 4 km Länge durch das Labyrinth.

98 | Odenwald Neckartal

20 km nördlich von Heilbronn schlängelt sich der Neckar zwischen Heidelberg und Hildesheim durch die bewaldete Hochfläche des Naturparks Neckartal-Odenwald. Das strukturreiche Landschaftsrelief hat Platz für vielfältige Waldgesellschaften. So finden sich auf den Plateauflächen Hainsimsen- und Waldmeister-Buchenwälder. Dort, wo der Untergrund weniger gut mit Wasser versorgt

98

98

98

ist, wachsen dagegen Eichen-Hainbuchen-Mischwälder. Nicht zuletzt existieren entlang der zahlreichen engen Bachtäler Schlucht- und Hangmischwälder, in denen Ahorn, Esche, Eiche und Linde bestandsbildend sind. Ein gutes Beispiel dafür ist die Margarethenschlucht. Hier stürzt sich der Flursbach über 100 Höhenmeter mit alpinen Steigungsprozenten von der Hochfläche hinunter zum Neckar und formt dabei spektakuläre Wasserfallkaskaden. Er wird begleitet von Felsspaltenvegetation und knorrigen Baumindividuen. Wer Glück hat, erblickt hier den Feuersalamander, dessen auffälliges Muster aus gelben Flecken seinen Feinden signalisiert: „Ich bin giftig." Außergewöhnlich attraktiv sind auch die sich selbst überlassenen Bannwälder Waldecker Schlosswald, Hollmuth und Imberg, die aus ehemaligen Mittelwäldern entstanden sind. Aufgrund des Nutzungsverzichts ist hier der Totholzanteil stark gestiegen und mit ihm auch die Zahl der Arten, die in diesem Habitat leben. Zum Charme der Gegend tragen auch die Wiesen und Weiden, wie zum Beispiel am Schollertbuckel bei Eberbach bei. Gelegentliche Felspartien sorgen für sensationelle Ausblicke. So mancher Waldhügel verbirgt eine Burgruine oder eine Römerfestung unter seinem Kronendach. Kultureller Höhepunkt ist allerdings das UNESCO-Weltkulturerbe Heidelberg.

→ GPS Parkplatz
49°23'38.79"N 9°4'43.39"E

→ Tipp
Wanderer finden rund ums Neckartal eine große Palette an Wandertouren. Eine kleine, aber feine Tour führt zum Beispiel auf 5 km durch die Magarethenschlucht und am Neckar entlang.

99 | Schwarzwald Lautenbach-Kaltenbronn

Ein artenreiches Waldgebiet gilt es 25 km südlich von Karlsruhe im nördlichen Schwarzwald zu entdecken. Bei Lautenbach steigen die Berghänge vom 300 m tiefen Murgtal bis zur 900 m hohen Hochfläche Kaltenbronn an. In den niederen Lagen stocken rund um die kleinen Naturschutzgebiete Lauten- und Rockertfelsen Bergmischwälder mit hohem Laubholzanteil. Mächtige Esskastanien sowie dicke Buchen, aber auch alte Tannen und Fichten wachsen hier. Dort, wo es steiler wird und sich Gesteinsschutthalden gebildet haben, mischen sich mehrstämmige Ahornbäume mit Ulmen und Buchen. Aus dem Waldmantel spitzen die Zacken der 300 Millionen Jahre alten Granitfelsen. Spezialisierte Flechtenarten wie zum Beispiel Rentierflechte und

99

Schwefelflechte haben die Felsflächen erobert. In den engen Spalten dazwischen haben es Kiefern und Eichen mit skurrilen Stammformen geschafft, ein wenig Luftraum zu erobern. Hier leben Schlingnatter und Steppengrashüpfer. Wanderfalken und Kolkraben und die extrem seltene Zippammer brüten an versteckten Stellen. Dort, wo es nicht so abschüssig ist, übernehmen bis zu 180 Jahre alte Buchenaltbestände das Waldbild. Bei Reichenbach begleiten 300-jährige Eichen den Waldrand. Die feuchten Hochflächen um das Skidorf Kaltenbronn zeichnen dagegen ein Bild von sturmgebeutelten Fichtenflächen. Ein Highlight sind die Naturschutzgebiete Wildseemoor und Hohlohsee. Ihre Hochmoorflächen sind umgeben von Kiefern- und Birkenmoorwäldern, die teilweise bereits 1928 zum Bannwald ernannt wurden und daher besonders wild und urwaldartig daherkommen. Das ist ganz zum Vorteil der Libellenart Torf-Mosaikjungfer, der Gerandeten Jagdspinne und des scheuen Auerhuhns. Als Schmankerl werden die niedrig liegenden Waldränder im Gebiet von ausgedehnten Almwiesen umringt. Überall stehen solitäre Obstbäume und Eichen zwischen romantischen Heuhütten. Ein Paradies für Schmetterlingsarten wie Schwalbenschwanz und Kaisermantel.

→ GPS Parkplatz
48°45'14.70"N 8°22'28.48"E

→ Tipps
Die Aussichtstürme Teufelsmühlenturm bei Loffenau und Hohlohturm bei Kaltenbronn bieten Weitsicht bis in die Vogesen.

→ Der „Natura Trail 2/3" von Gernsbach nach Weisenbach macht auf etwa 20 km Länge einen sportlichen Rundumschlag durch das Waldgebiet. Zurück geht's mit der Bahn.

99

100 | Schwarzwald Nationalpark Nordteil

100

Der kleinere Nordteil des Nationalparks Schwarzwald liegt gleich westlich von Forbach oberhalb der Schwarzenbach-Talsperre im Herzen des Schwarzwaldes. Der ehemalige Bannwald am 1054 m hohen Berg „Hoher Ochsenkopf" gehört zu den in puncto Natürlichkeit am weitesten fortgeschrittenen Beständen im Park, weil er bereits seit 1970 unter Prozessschutz steht. Die dem Namen nach ehemalige Rinderweide wurde aufgegeben und dann von Kiefern und Fichten zurückerobert. Sie bilden den Grundstock des heutigen Waldes, dessen Bäume in den kalten Hochlagen als niedrige, schwachwüchsige und vom Wind und Schnee zu bizarren Gestalten geformte Individuen aus Fichten, Kiefern und Tannen erscheinen.

100

Diverse Sturmwürfe und Borkenkäferausbreitungen haben ihren Zoll verlangt, sodass die Fläche reich an Totholz und den daran angepassten Totholholzspezialisten ist. Das Auerwild findet hier ruhige Flächen. Einzelne Luchse und auch ein Wolf konnten bereits nachgewiesen werden. Der „Teufelskamin" ist eine offene Verwerfung im Buntsandstein, die sich als 20 m tiefe Höhle zeigt und ebenfalls am „Hohen Ochsenkopf" erforscht werden kann. Gegenüber dem Nationalpark, rund um den Karsee „Herrenwieser See", finden sich weitere beeindruckende Bergmischwaldbestände. Ein echtes Kleinod ist auch der Sandesee, der einst zum Zweck der Holztrift aufgestaut wurde und in dessen stillen Wassern sich die hohen Fichten spiegeln. Auf dem Gipfel der Badener Höhe steht der monumentale, 30 m hohe Friedrichsturm, der 1891 fertiggestellt wurde, auf 1000 m Höhe. Wer die 147 Treppenstufen in Angriff nimmt, wird mit einem grandiosen Rundblick auf den nördlichen Schwarzwald bis hin zum Pfälzer Wald belohnt.

→ GPS Parkplatz
48°39'21.84"N 8°17'24.42"E

→ Tipps
Für Camping-Liebhaber warten zwei urige wilde Übernachtungsplätze.
www.trekking-schwarzwald.de

→ Eine feine Wanderung führt vom Hundseck über den Hohen Ochsenkopf, ca. 8 km.

→ Im Nationalparkhaus Herrenwies wird eingängig über Flora und Fauna des Parks informiert.
www.nationalpark-schwarzwald.de

→ Die Schwarzenbach-Talsperre lockt im Sommer zum Baden.

101 | Nationalpark Schwarzwald Südteil

Der junge Nationalpark Schwarzwald wurde 2014 ausgewiesen und breitet sich über 100 km² über den Hauptkamm des Nordschwarzwalds 20 km östlich von Offenburg aus. Die ursprünglichen Urwälder der Region waren das Zuhause von turmhohen Tannen, Buchen und Fichten. Weiter in Richtung Tal dehnten sich dagegen Laubmischwälder aus. Holzraubbau und Flößerei führten allerdings zur Vernichtung dieses ursprünglichen Waldes, der in der Folge bevorzugt mit Fichten wieder aufgeforstet wurde und in der heutigen Kulturlandschaft mündete, die den Schwarzwald so berühmt gemacht hat. Ein besonders wertvoller Wald umgibt den Wilden See, der schon 1911 durch eine Weisung der königlich-württembergischen Forstdirektion als Bannwald aus der Nutzung genommen worden ist. Hier findet man einen strukturreichen, urwaldartigen Bergmischwald mit viel Totholz. Der Wildsee ist einer von drei Karseen im Park. Sie beherbergen auch Moorflächen, in denen Sumpf-Bärlapp, Sonnentau

101

und Wollgras vorkommen. Der kleine Zwergtaucher hat hier eine Zuflucht gefunden. In den Wäldern drum herum findet man Tannenhäher, Fichtenkreuzschnabel, Raufuß- und Sperlingskauz sowie das Auerhuhn. Als Besonderheit der Gegend gelten die sogenannten „Grinden". Das sind Weideflächen in den Hochlagen, die mit Moorflächen verzahnt und mit Bergkiefer- und Birken-Gebüschen durchsetzt sind. Auf den artenreichen Almen wachsen Pfeifengras und Rasenbinse. Kreuzotter und Wiesenpieper haben hier ein Auskommen. Die offenen Grinden-

101

flächen erlauben dem Besucher außerdem traumhafte Fernblicke bis in die Rheinebene.

⟶ GPS Parkplatz
48°33'37.27"N 8°13'18.15"E

⟶ Tipps
Im Gebiet findet man mehrere Trekkingplätze, die das wilde Zelten im Wald auf ausgewiesenen Plätzen erlauben.
www.trekking-schwarzwald.de

⟶ Am Ruhestein informiert das Infozentrum Nationalpark Schwarzwald.
www.nationalpark-schwarzwald.de

⟶ Eine schöne, ca. 10 km lange Runde führt vom Ruhestein zum Wildsee und der Darmstädter Hütte.

⟶ Bei Waldkirch wartet ein Baumkronenpfad auf Besucher.
www.baumkronenweg-waldkirch.de

102 | Schwarzwald Feldberg

Der Feldberg liegt gute 20 km südöstlich von Freiburg. Mit seinen knapp 1493 m Höhe ist er der höchste Berg außerhalb der deutschen Alpen und ein stark frequentiertes Ausflugsziel, dessen offene Wiesengipfel man leicht mit dem Lift erreichen kann. Seine Freiflächen beruhen allerdings nicht auf der natürlichen Waldgrenze, sondern sind auf Rodungen vor einem guten Jahrtausend zurückzuführen. Weniger bekannt sind die ausgedehnten Bergwaldgebiete, die sich rund um den Feldberg ausbreiten. Ein großer Teil steht im 1937 ausgewiesenen, 4226 ha großen Naturschutzgebiet Feldberg unter Schutz. An südwest- bis westexponierten Hängen stauen sich häufig die Wolken, sodass man hier fichtenreiche Waldungen antrifft. An den geschützten Ost- und Südhängen wachsen dagegen Buchen-Tannenwälder mit Bergahorn. Vereinzelt treten auch Bergulmen, Mehlbeere, Weiden, Ebereschen und Lärchen auf. Die ältesten Bäume erreichen ein Alter von etwa 260 Jahren. In den Bannwäldern im Wilhelmer Tal und im Feldseekar sind die Bestände am urwaldartigsten. Diese dürfen nur auf den wenigen ausgewiesenen Wegen betreten werden. Der 30 m tiefe Feldsee ist

102

102

ein kristallklares Naturwunder und entstand in der letzten Eiszeit. Im Karsee leben daher seltene Eiszeitrelikte wie der Seesaibling oder das Stachelsporige Brachsenkraut, eine Unterwasserfarnart, für die eigens das Baden im See verboten wurde, da sie äußerst trittempfindlich ist. Wer die Waldflächen der Höhe nach durchwandert, wird verschiedene

101

Zonen wahrnehmen. In ungeschützten Hochlagen sind die Bäume klein, oft mehrfach verzweigt und in urigen Formen wachsend. Je tiefer man kommt, desto mehr nehmen sie eine hoch aufgeschossene Wuchsform an. Viele Fichtenriesen zeigen ein ausuferndes Wurzelsystem, das sich über Felsen ausbreitet. Hier lebt auch der seltene Dreizehenspecht, der gern in abgestorbenen Fichten brütet. Die extensiv bewirtschafteten Almweiden in Gipfelnähe bieten bunte Blütenteppiche, in denen auch die seltene alpine Gebirgsschrecke vorkommt. Am Feldberg können Besucher auf Gämsen treffen. Der Luchs ist genau wie das Auerhuhn ein heimlicher Bewohner, den man nur im Glücksfall zu Gesicht bekommt.

⟶ GPS Parkplatz
47°51'30.53"N 8°3'10.57"E

⟶ Tipps
Im Naturschutzzentrum Feldberg kann man sich eingehend informieren.
www.naz-feldberg.de

⟶ Zünftige Bergkost bei grandiosen Ausblicken wartet in der St. Wilhelmer Hütte.
www.ruhbauernhof.de/de/st-wilhelmer-huette

⟶ Eine schöne 12 km lange Wanderung führt am Feldsee vorbei zum Gipfel und kombiniert den Bergwald mit grandiosen Ausblicken. Weniger wanderaffine Besucher nutzen den Lift.
www.liftverbund-feldberg.de

103 | Wutachschlucht

Die Wutach ist ein 91 km langer Nebenfluss des Rheins und entspringt im Schwarzwald am Feldsee unterhalb des Feldbergs. Die wilde Wutachschlucht hat sich zwischen Neustadt und Wutachmühle auf der Hochebene inmitten dem Schwarzwald und der Schwäbischen Alb seit der letzten Eiszeit ihr bis 180 m tiefes Bett ausgewaschen und dabei zahlreiche Gesteinsschichten freigelegt. An den Wänden können Geologen mehrere 100 Millionen Jahre Erdgeschichte wie aus einem Buch ablesen. Die Wutach durchschneidet Gneis-, Granit-, Buntsandstein- und Muschelkalkschichten. Das bereits 1939 unter Naturschutz gestellte Gebiet ist heutzutage 3542 ha groß. Die 30 km lange Schlucht wird auch gern als größter Canyon Deutschlands bezeichnet. Die großen standörtlichen Unterschiede in der Schlucht kann man auch anhand der unterschiedlichen Waldgesellschaften ablesen, die sie begleiten. Auf den beschatteten Nordhängen stockt ein artenreicher Ahorn-Eschen-Schluchtwald, während die Bestände auf den sonnenwarmen Hängen von Ahorn, Eichen und Linden gebildet werden. An sehr trockenen Stellen kommen auch Kiefern vor. Der feuchte Talboden wird begleitet von Au- und Bruchwaldgesellschaften mit Grauerlen, Weiden, Pappeln und Hochstaudenfluren. Die Wasseramsel geht im schäumenden Wutachwasser auf Beutefang. Zu Saisonbeginn zeigen sich Teppiche aus Märzenbecher, Bärlauch und Pestwurz. Im Sommer blühen

103

Staudenarten wie Christophskraut und Mondviole. Allein im Gebiet der Wutachschlucht wachsen 1000 Farn- und Blütenpflanzen. In den oberen, weniger steilen Hangbereichen trifft man dagegen Waldmeister- und Orchideen-Buchenwälder an, in denen auch Tannen und Seidelbast und die Orchideenart Frauenschuh wachsen. Im Bachbett tummeln sich Bachforellen, Äschen und Elritzen. Auch der Schluchtrand ist für Überraschungen gut. Hier entdeckt man Ruinen wie die mittelalterliche Burg von Neu-Tannegg, aber auch die Schuttkegel massiver Erdrutsche. Die traumhaften Wege führen mal

103

in Bachbettnähe, an rauschenden Wasserfällen vorbei und dann wieder hoch oben entlang abenteuerlich schmaler Felsenbänder. Dicke Moosschichten auf Ästen und Felsen speichern den feuchten Bachgeruch. Ein Besuch in der Schlucht ist ein wahres Sinneserlebnis.

→ **GPS Parkplatz**
47°50'33.87"N 8°19'8.62"E

→ **Tipps**
Die Wutachschlucht kann der Länge nach auf bis zu 30 km erwandert werden. Zurück geht es mit dem Wanderbus.
www.wutachschlucht-erleben.de/wandern/wanderbus

→ Auch der 118 km lange Schluchtensteig führt durch das Gebiet.
www.schluchtensteig.de

104

104 | Schwäbische Alb Reußenstein

Am Nordrand der Schwäbischen Alb, gute 5 km südlich von Neidlingen, schmiegt sich der Bannwald Pfannenberg an die steilen Hänge des Albtraufs. Er gehört zu den Kernzonen des UNESCO-Biosphärengebietes Schwäbische Alb. Der schon länger nicht mehr bewirtschaftete Hangschutt- und Schluchtwald gedeiht zwischen den inspirierenden Felsen der Weißen Wand, einer mächtigen Kalksteinformation, zu der auch der 763 m hohe Heimenstein zählt. Hier liegt der Eingang in die 80 m lange Durchgangshöhle mit dem gleichen Namen. Von hier aus kann man einen Blick auf die Hangwälder werfen, in denen sich Eichen, Ahorn, Linden und Ulmen zu einer Hangschuttwaldgesellschaft zusammenfinden, in der Mittelspecht, Raufußkauz und Halsbandschnäpper leben. Im Randbereich wachsen schöne Orchideen- und Waldmeister-Buchenwälder, die in den ebenen Bereichen in Fichtenforste übergehen. Gleich gegenüber dem Bannwald steht die majestätische Ruine der im 13. Jahrhundert errichteten Felsenburg Reußenstein. Sie diente einst der Kontrolle des Handelsweges im Tal. Fast scheint es, als wäre sie ein Teil des Felsens geworden, auf dem sie einst errichtet wurde. Am Talschluss des Neidlinger Tals schäumen die gleichnamigen Wasserfälle durch einen bemerkenswerten Schluchtwald, der das Naturkonzert mit seinen im Wind raschelnden Blättern vervollständigt. Schwarzmilane und

104

Wanderfalken kreisen über dem grünen Talkessel. Auf extensiv bewirtschafteten Wiesen stehen Tausende Kirschbäume, die zur Blütezeit im Frühjahr eine weitere Augenweide der Region bereithalten.

→ GPS Parkplatz
48°33'8.17"N 9°33'34.56"E

→ Tipp
Eine schöne, etwa 11 km lange Rundwanderung verbindet einen Besuch der Burg Reußenstein mit den Weißen Wänden und startet am Wanderparkplatz Bahnhöfle oberhalb des Talschlusses.

105 | Schwäbische Alb Bad Urach

Der 12 km östlich der Universitätsstadt Tübingen gelegene Ort Bad Urach liegt zu Füßen des Schwäbischen Schichtstufenlandes und ist von einem Netz aus bewaldeten Tälern umgeben. Sie alle wurden von Flüsschen wie der Erms und der Elsach aus der etwa 700 m hohen Albhochfläche ausgewaschen und sind an den steilen Hängen und auch an den Kuppenrändern mit Hang- und Schluchtwäldern bedeckt. Schon seit mehr als 100 Jahren ist der Wald um den Albtrauf am Nägelesfelsen nördlich von Bad Urach als Bannwald ausgewiesen. Heute Bestandteil einer Kernzone im UNESCO-Biosphärenreservat „Schwäbische Alb" wachsen rund um die südexponierten Felstürme aus weißem Jurakalk mitunter krüppelig anmutende Eichentrockenwälder, in denen die wärmeliebende Flaumeiche zusammen mit Mehlbeeren, Weißdorn und Sal-Weide vergesellschaftet ist. Wenn es eine dickere Humusschicht zulässt, trifft man hier auch auf Buchen und Bergulmen. In den tieferen Lagen mit lehmigen, gut mit Feuchtigkeit versorgten Böden hat sich ein vitaler Buchenwald durchgesetzt, in dem auch Eschen und Bergahorn vorkommen. Seine lange Habitattradition und die Kontinuität von Alters- und Zerfallsphasen machen diesen Wald so wertvoll für Urwaldreliktarten, die sich während ihrer ganzen Lebensspanne im Holz

105

105

aufhalten. Ein ganz besonderes Waldschmankerl versteckt sich am Ende des Elsachtals. Mitten in einem Buchenwald, in dem auch schlanke Eichen und Bergahornbäume wachsen, steht das monumentale Eingangsportal der Falkensteinhöhle. Sie gilt als aktive Wasserhöhle und bildet damit die Quelle der Elsach. Sie wird im Winter von Fledermäusen als Quartier genutzt. Die Höhle wurde vom Sickerwasser der Albhochfläche in den Kalkstein gewaschen und soll über 5 km lang sein, darf aber nicht über die erste Verengung hinaus betreten werden. Die Aufzählung der Sehenswürdigkeiten, die man rund um Bad Urach im Wald antreffen kann, könnte man leicht fortsetzen. Da sind zum Beispiel der feenhafte Uracher Wasserfall oder der Schlossberg, auf dem die Burgruine Hohenurach thront, sowie die spektakulären Rutschenfelsen. Die Besucher können sich sicher sein, dass sie neben dem Walderlebnis der hiesigen Buchen-Eichenwälder noch mehr geboten bekommen.

→ GPS Parkplatz
48°30'53.17"N 9°26'57.72"E

→ Tipp
Auf ca. 9 km Distanz führt ein Rundweg um den Bannwald Nägelesfels, er beginnt in Bad Urach.

106 | Schwäbische Alb Blaubeuren

Der Blautopf gilt als eine der wasserreichsten Karstquellen Deutschlands. Er ist die Quelle der Blau und liegt am Ostrand der Schwäbischen Alb im Ort Blaubeuren, der sich 20 km westlich von Ulm befindet. Berühmt ist der Blautopf wegen seiner ausgeprägten blauen Wasserfarbe, die durch die Streuung von Licht an kleinsten Kalkpartikeln entsteht. Außergewöhnlich schön ist der Kontrast zum frischen Grün des parkartigen Waldrandes mit alten Buchen, Linden und Eiben. Die Landschaft der Umgebung zeigt sich als 700 m hohe Hochebene, in die sich Wasserläufe lange Täler gegraben haben. Während die ebenen

106

Hochflächen meist landwirtschaftlich genutzt werden, sind die Täler dicht bewaldet, steil und reich an markanten Kalkfelsen und Blockschutthalden. Rund um Blaubeuren stößt der Waldbesucher auf Hangschutt- und Schluchtwälder, von denen 1589 ha im Flora-Fauna-Habitat-Gebiet „Blau und Kleine Lauter" unter Schutz stehen. Hier wachsen Ahorn, Eichen, Ulmen, Linden, Bergulmen, Kiefern und Buchen. Im

106

schattigen Nachbartal der Lauter stockt außerdem Waldmeister- und Orchideen-Buchenwald. Im Frühjahr sprießen hier Märzenbecher und später die duftende Mondviole. Von Schafen beweidete Kalkmagerrasen und Wacholderheiden begleiten die Täler und sind ein Garant für Artenvielfalt unter den Blütenpflanzen und Schmetterlingen. Felsen wie der Blau- und Glasfelsen ragen als spektakuläre Zähne aus dem Kronendach der Hangwälder. Nicht minder faszinierend sind die Ruinen Günzelburg und Rusenschloss sowie einige Höhlen, die sich im Wald verstecken. Es warten außerdem schöne Ausblicke auf Blaubeuren mit seinen zusammengewürfelten Fachwerkhäusern sowie das Kloster Blaubeuren.

→ GPS Parkplatz kostenpflichtig
48°25'17.82"N 9°46'39.03"E

→ Tipp
Der Blaubeurener Felsenstieg führt auf rund 10 km um den Ort und durch die schönen Hangwälder.

107 | Schwäbische Alb Burg Hohenzollern

Der 858 m hohe Bergkegel Zoller befindet sich 25 km südwestlich von Reutlingen und wird von der Kaiserburg Hohenzollern gekrönt. Ihre auf älteren Burgen beruhende Gebäudesubstanz wurde im 19. Jahrhundert zu einer der beeindruckendsten Burganlagen Deutschlands im neogotischen Stil umgebaut. Ihre Lage auf dem dicht bewaldeten Berg verstärkt ihr malerisches Erscheinungsbild. Rund um die Burg stockt ein Mischwald mit schönen Altbeständen aus Eichen, Eschen und

107

Buchen mit eingestreuten Ulmen, Kiefern und Lärchen. An den steilen Hängen dominieren alte Eichen

107

mit charaktervollen Stämmen. Auf der direkt gegenüberliegenden Bergkuppe, dem Zeller Horn, bekommt man die Gelegenheit eines romantischen Blicks in Richtung der Festungsanlage. Doch auch der Berg selbst hat viel zu bieten. Auf seinen abschüssigen, sonnenexponierten Südwesthängen gedeiht wärmeliebender Eichen-Steppenheidewald, in dem auch einige Ulmen und Wildbirnen vorkommen. Seine Nordseite wird dagegen von einem Tannen-Buchenwald dominiert. In den tieferen Lagen zwischen den beiden Bergen, die von kleinen Wasserläufen durchzogen werden, trifft man vermehrt auf Fichten. Das Naturschutzgebiet Zollerhalde ummantelt die Westseite des Bergzuges. Extensive Schafhaltung bewahrt die an Blütenpflanzen reichen Magerweiden und Halbtrockenrasen, die mit Streuobstwiesen und charaktervollen Solitärbäumen durchsetzt sind. Hier wachsen Sommer-Adonisröschen und das Aufrechte Knabenkraut. Mehr als 200 Schmetterlingsarten gaukeln mit der leichten Sommerbrise über die Wiese, darunter der Quendel-Ameisenbläuling und die Bunte Ligustereule.

→ GPS Parkplatz
48°19'9.66"N 8°58'56.38"E

→ Tipp
Eine Rundwanderung vom Parkplatz Mariazell kann alle Attraktionen der Gegend in einer etwa 13 km langen Runde vereinen.

108 | Bodensee Überlinger See

Das schönste und natürlichste Ufer am gesamten Bodensee finden wir auf der Südseite der länglichen Bucht „Überlinger See“, die sich zwischen den Orten Bodman und Wallhausen wie ein kleiner Fjord ausbreitet. Hier wartet eine

108

faszinierende Steiluferlandschaft auf den Besucher, die bis an die kalkreichen Seeufer hin dicht bewaldet ist. Das Bodensee-Vergissmeinnicht wächst hier auf niedrigem Rasen. Rund 85 Prozent seines weltweiten Vorkommens finden sich am Bodensee. Besonders in Seenähe zeigt sich das Waldgebiet als naturnaher Lebensraum mit alten Buchen und Ahornbäumen. Außerdem ist der Mittelgebirgszug des Bodanrücks durchzogen von Kalksteinwänden und tiefen Schluchten wie der Marien- und der Katharinenschlucht, in denen sich ein klassischer Schluchtwald über Wasserfällen ausbreitet. In Felspalten und Höhlen überwintern heimische Fledermausarten wie das Große Mausohr. In den höheren Bereichen des Bodanrücks stocken eher Fichtenwaldungen. Außerdem verstecken sich mit der Ruine Kargegg und Altbodman, die sogar als karolingische Königspfalz gedient haben soll, gleich zwei Burgen im dichten Wald. Einen Hügel weiter steht das Kloster Frauenberg. Insgesamt bildet der Uferwald des Überlinger Sees ein faszinierendes Mosaik aus unterschiedlichen Waldlebensräumen, die im Herbst in den prächtigsten Farben leuchten und sich im Wasser des Sees spiegeln.

→ GPS Parkplatz
47°47'24.58"N 9°1'46.86"E

→ Tipps
Eine beeindruckende Wanderung führt über 13 km von Bodman nach Wallhausen. Zurück geht es mit der Seerundfahrt.

→ Liebhaber seltener Baumarten könnten die nahe Blumeninsel Mainau besuchen, die auch ein schönes Arboretum zu bieten hat. www.mainau.de

108

KAPITEL SECHS

Wälder des Südostens

Der Südosten Deutschlands bietet mit seinen unzähligen Mittelgebirgsrücken eine wahre Schatztruhe für alle Waldliebhaber.

In der Kiste liegen zum Beispiel die ausgedehnten Laubwälder der Rhön, welche sich über die drei Bundesländer Hessen, Bayern und Thüringen erstrecken. Im Dreiländereck haben sich besonders auf den Höhenzügen außergewöhnlich naturnahe Buchenwaldgesellschaften erhalten, in denen extravagante Baumgestalten fast wie in Tolkiens „Herr der Ringe" wachsen. Wer an den Spessart denkt, dem kommen wohl zunächst Räubergeschichten in den Sinn. Die Region steht aber auch wie keine andere für eine Baumart: die Eiche. Ihre Bewirtschaftung wurde hier über Jahrhunderte perfektioniert, sodass es heute Wirtschaftswälder mit pfeilgeraden, turmhohen Eichenstämmen gibt, die den Geldbeutel der Forstpartie klingeln lassen, wenn ihre Furnierhölzer geerntet werden. Die dafür nötigen Bewirtschaftungszeiträume liegen bei 50 Jahren und bedürfen eines nachhaltigen Generationenvertrages. In den Naturwaldreservaten werden hier umgestürzte Bäume und abgerissene Äste sogar von bis zu 400 Jahre alten Methusalem-Eichen überschirmt. Der Steigerwald ist ein fast 500 m hohes Mittelgebirge und zu großen Teilen von ausgedehnten Buchenwäldern bedeckt. Unter Forstleuten gilt er schon seit Jahrzehnten als eine der Brutstätten progressiver, naturnaher Bewirtschaftungsmethoden und somit neuer forstlicher Ideen, die heutzutage im Zuge des Klimawandels überall als „neue Strategien" zutage treten. Auch deswegen finden Besucher hier vermehrt beeindruckende Altbestände, in denen man dem Gesang der Vögel im Frühjahr ungestört lauschen kann. Am hessischen Vogelsberg gründen urige Laubmischwälder auf Basaltgestein. Die Fränkische Schweiz ist weniger bekannt für ihren Wald als für ihre zahlreichen Burgen und die Bierbrautradition. Dennochstößt man auch hier auf exzeptionelle Wälder. Die bewaldeten Mittelgebirgsrücken des Fichtelgebirges im Nordosten Bayerns warten mit 1000 m hohen Bergen wie dem Schneeberg auf. Urige Waldstimmungen sind hier wegen der häufigen Nebeltage fast garantiert. Der Oberpfälzer Wald erstreckt sich entlang der bayerisch-tschechischen Grenze und ist bekannt für seine Höhenzüge, in denen auch störungsempfindliche Arten wie Birkhuhn und Luchs leben. Das gern als „Europas wildes Herz" bezeichnete Waldgebiet an der Grenze zwischen Bayern und Tschechien ist etwas ganz Besonderes. 1970 wurde hier der erste Nationalpark Deutschlands eröffnet: der Nationalpark Bayerischer Wald. Er bildet zusammen mit dem angrenzenden Tschechischen Nationalpark Šumava die größte zusammenhängende Waldfläche Mitteleuropas. Hier wurden nicht nur Urwaldreste aus Bergmischwäldern unter Schutz gestellt, sondern erstmals auch die Umwandlung fichtenreicher Wirtschaftswälder der Hochlagen durch das Aussetzen forstlicher Eingriffe in großem Maßstab in Angriff genommen. Auf diese Weise treffen Besucher hier auf „neu" entstandene wilde Wälder mit Urwaldresten, in denen bis zu 600 Jahre alte Tannen wachsen, die mächtigsten ihrer Art in ganz Deutschland.

Südosten

109 – 141

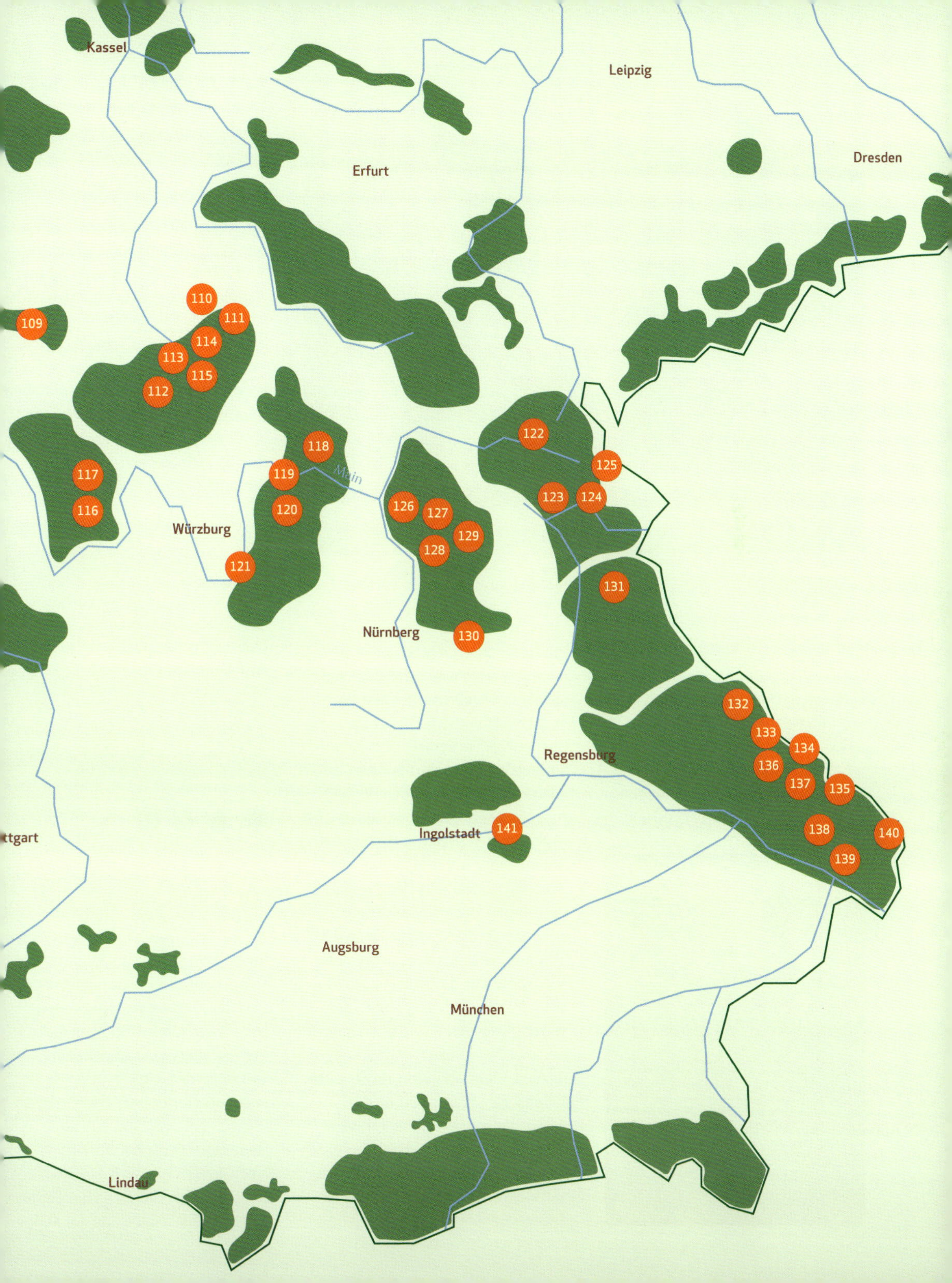
Kassel
Leipzig
Erfurt
Dresden
110
111
109
114
113
115
112
118
117
119
Main
122
125
126
127
123
124
120
116
129
Würzburg
128
121
131
Nürnberg
130
132
133
134
136
Regensburg
137
135
141
Ingolstadt
138
140
ttgart
139
Augsburg
München
Lindau

109

109 | Vogelsberg Hoherodskopf

In der Mitte Hessens, etwa 25 km westlich von Fulda, breitet sich das Mittelgebirge Vogelsberg aus, das vom gleichnamigen Naturpark umrahmt wird. Der grüne Oberwald ummantelt die Hochfläche mit den Erhebungen Taufstein (773 m) und Hoherodskopf (764 m). Wer hier unterwegs ist, durchstreift Wälder mit turmhohen Fichtensäulen, aber auch artenreiche Mischwaldgesellschaften wie den Bergulmen-Blockschuttwald und den Zahnwurz-Buchenwald, in dem die anderswo seltene Vogelkirsche häufiger anzutreffen ist. Die rüden Witterungsbedingungen in der Gipfelregion sorgen mitunter für bizarre Baumformen mit wild gebogenen Stämmen. Gerade an Regentagen bekommen diese Wälder einen besonderen Glanz, wenn die nassen Stämme zwischen den Farnfeldern aufragen. Teile davon stehen heute unter Naturschutz und bieten den selten gewordenen Arten wie zum Beispiel Baumfalken, Waldschnepfen und Rauhfußkäuzen ein Zuhause. In den vielen Wasserläufen der Region lassen sich Wasseramseln beim Fischen nach Insektenlarven beobachten oder die endemische 2 mm kleine Rhön-Quellschnecke entdecken. Besonders attraktiv ist der Wald rund um den Gipfel des Taufsteins, den man über eine verwunschene Steintreppe ersteigen kann. Einen exzellenten Ausblick dagegen bietet der Nachbarberg Bilstein, ein Waldberg gleich oberhalb von Schotten-Busenborn. Die Felsenklippe aus Basalt an seinem Gipfel ist eins in Treppenform erkaltet und ragt nun weithin über das Kronendach hinaus, sodass man hier an schönen Tagen bis ins Rhein-Main-Gebiet und den Taunus schauen kann. In der unteren Hangregion des Vogelsberges haben Gourmets mit gutem Geruchssinn die Chance, im Unterholz Felder mit dem nach Knoblauch riechenden Bärlauch aufzuspüren.

109

→ GPS Parkplatz
50°30'57.13"N 9°13'42.57"E

→ Tipps
Am Hoherodskopf warten ein 600 m langer Baumkronenpfad, eine Sommerrodelbahn und ein Kletterwald nicht nur auf Familien.
www.erlebnisberg-hoherodskopf.de

→ Der Hoherodskopf-Rundweg führt auf knapp 14 km durch den Vogelsbergwald und verbindet die Kuppen.

110 | Rhön Milseburg

Rund 12 km östlich von Fulda erhebt sich der 815 m hohe Berg Milseburg über das Künstlerdorf Kleinassen. Mit seinem kuppenförmigen Aufbau, den er vulkanischer Aktivität im Tertiär verdankt, gilt er als einer der markantesten Berge der Hessischen Rhön. Schon vor 2500 Jahren siedelten hier die Kelten, was durch einen großen Ringwall aus Steinen sichtbar wird. Allerdings hat das unwegsame Felsengelände der Kuppe den Wald am Berg in späteren Zeiten weitgehend vor forstlicher Nutzung bewahrt, ebenso wie das seit 1968 ausgewiesene 48 ha große Naturschutzgebiet, sodass sich naturnahe Waldbilder erhalten konnten. Die harschen klimatischen Bedingungen an den Hängen der Kuppe haben zur Bildung besonderer Waldgesellschaften wie dem Orchideenbuchenwald geführt, in dem im Frühjahr Märzenbecher, Lerchensporn und einige Orchideenarten blühen. Zwar dominiert hier noch die Rotbuche, doch ist sie in der Regel schlechtwüchsig und bildet eher krumme Stämme aus. So haben Bergahorn, Spitzahorn, Linde und Bergulme mehr Licht, um ihrerseits in die Kronenschicht vorzudringen. In den ausgedehnten Blockschutthalden der Milseburg tritt die Buche dann ganz zurück für wilde Baumgestalten von Sommerlinden, Bergulmen und Bergahorn. Rund um den Gipfel kann sich dann nur noch ein buschartiger Bewuchs aus Mehlbeeren, Ebereschen, Felsenmispeln und Traubeneichen halten. Hier haben sich auch florale Besonderheiten, wie zum Beispiel Pfingstnelke, Rote Fetthenne und der seltene Wimpernfarn angesiedelt. Den Gipfel des Berges bildet ein felsiges Gipfelriff, von dem aus man eine grandiose 360-Grad-Aussicht genießen kann. Hier wird schnell klar, warum der Rhöntourismus mit dem Spruch „Das Land der weiten Ferne" wirbt.

→ GPS Parkplatz
50°33'8.30"N 9°53'48.17"E

→ Tipps
Eine bewirtschaftete Schutzhütte wartet neben einer Wallfahrtskapelle am Gipfel auf hungrige Besucher.

→ Für historisch interessierte Wandersleut führt ein Keltenlehrpfad um die Milseburg herum.

111 | Rhön Schafstein

Der 832 m hohe Schafstein, der sich nur einen Kilometer westlich von Wüstensachsen in der Rhön direkt neben der Wasserkuppe befindet, ist im wahrsten Sinne des Worts „steinreich", denn rund um seine Gipfelkuppe breitet sich das größte und bis zu 50 m tiefe Gesteinsmeer aus Basaltbrocken der Rhön aus. Der hier wachsende Wald erschien aufgrund der extremen Umgebung schon immer unwirtschaftlich, und so konnte hier ein naturnaher Wald überleben, in den nur sehr selten eingegriffen wurde. Im Jahr 1966 als Naturschutzgebiet auf 123 ha Fläche ausgewiesen und 1991 zum Kerngebiet UNESCO-Biosphärenreservat Rhön ernannt, schweigen seitdem die Motorsägen ganz. Der sogenannte Blockschuttwald zeigt kleinstandörtliche Unterschiede. Dort, wo sich Erde angesammelt hat, wachsen strukturreiche Buchenwälder in allen Altersklassen. Wo der Blockschutt den Boden dominiert, stocken Bergahorn, Linde und Eberesche. Die beeindruckendsten Waldbilder sieht man auf dem Gipfelplateau, auch weil die Bäume zum Zeitpunkt der Nominierung als Naturschutzfläche schon hier oben 140 Jahre alt gewesen sein sollen.

Zwischen den gespaltenen, gebeugten oder auch pfeilgeraden Baumveteranen hat sich reichlich Totholz angesammelt. Das freut die sogenannten „Zimmerleute des Waldes", die Spechte. Sie wiederum schaffen Wohnstätten für Höhlenbrüter wie Fledermäuse und Hohltaube. Im Waldgebiet können Besucher im Frühjahr den Märzenbecher blühen sehen. Die turbanförmigen Blüten des Türkenbundes verströmen hier bei Dunkelheit einen kräftigen Duft, der langrüsselige Schmetterlinge, wie Schwärmer und Taubenschwänzchen, anlockt. Auf dem Schafstein erblickt der Besucher schon jetzt jene urwüchsige Schönheit, die Wälder auszeichnet, wenn sie natürlich altern dürfen. Natürlich warten auf dem Gipfel auch außergewöhnliche Aussichten auf die Blockfelder der angrenzenden Berge und Täler.

→ GPS Parkplatz
50°30'29.17"N 9°58'8.97"E

→ Tipps
Familien finden auf der nahen Wasserkuppe eine 700 m lange Sommerrodelbahn und den Rhönbob. www.wasserkuppe.net/sommerrodelbahn-wasserkuppe

→ Eine schöne Rundwanderung über gut 12 km führt vom Schafstein zur Wasserkuppe und zurück.

112 | Rhön Platzer Kuppe

Als südlichster Basaltkegel der „Schwarzen Berge" erhebt sich 15 km nordwestlich von Bad Kissingen die 737 m hohe Platzer Kuppe über die Hochrhön. An den Süd- und Südosthängen des ehemaligen Vulkanes dehnt sich das gleichnamige Naturwaldreservat über 24,3 ha aus, das bereits 1940 zum Naturschutzgebiet erklärt worden ist. Es beherbergt einen naturnahen Wald, in dem die Rotbuche die herrschende Baumart ist. Vereinzelte Bergulmen und Bergahorne kann man vor allem in den Blockschutthalden antreffen, die sich über den Hang ausbreiten und stellenweise dicht von Farnen bewachsen sind. Die ältesten Bäume auf der Platzer Kuppe findet man am Hangfuß, wo eine erkleckliche Anzahl alter Hutebäume mit dicken Stämmen im Wald eingewachsen ist. Gerade hier leben Spezialisten wie die Holzpilzkäfer, die größtenteils in den Stammpilzen sehr alter oder bereits abgestorbener Bäume vorkommen. Auch die nur 2 mm große Rhön-Quellschnecke, die überhaupt nur in der Rhön und am Vogelsberg vorkommt, hat hier ihr Zuhause. Sie kann nur in kristallklaren Waldquellen existieren. Auf dem Gipfel der Kuppe öffnet sich ein weiter Blick über die Wiesen und Felder im Westen und die Waldflächen der Schwarzen Berge.

112

112

→ GPS Parkplatz
50°16'47.37"N 9°54'36.38"E

→ Tipp
Ein Besuch der Platzer Kuppe lässt sich hervorragend mit einer Wanderung durch die Schwarzen Berge kombinieren hin zu einem dunklen Basaltsee mit dem Namen „Des Teufels Tintenfass", ca. 15 km.

113 | Rhön Lösershag

Der Lösershag bildet den nördlichen Abschluss der Schwarzen Berge. Die 765 m hohe Basaltkuppe über dem Sinntal ist seit 1959 Naturschutzgebiet und wurde 1978 als 61,8 ha großes Naturwaldreservat ausgewiesen. Im Gipfelbereich sind die ältesten Bäume etwa 200 Jahre alt und sorgen für Waldbilder, die denen eines Urwaldes nahekommen. Der Totholzanteil übersteigt den von Wirtschaftswäldern um das Vielfache und bildet so die Lebensgrundlage für zahllose Pilz-, Käfer- und Schneckenarten. Allein 179 auf Holz lebende Pilzarten wurden im Lösershag bei wissenschaftlichen Untersuchungen bestimmt, darunter auch gefährdete Arten. In den Baumhöhlen der betagten Veteranen findet der Siebenschläfer sein Sommerquartier. Rotmilane, die im Wald brüten, aber in der freien

113

113

Landschaft ihre Nahrung suchen, haben im Kronendach des Lösershags ihr Zuhause. Auf den zahlreichen steilen Blockschutthalden im oberen Teil der Kuppe kann man die gewundenen Stämme von Bergahorn, Linde und Bergulme zwischen den mit leuchtend grünem Moos bewachsenen Steinen bestaunen. Im zeitigen Frühjahr bietet die Blüte der Märzenbecher am Gipfel einen floralen Höhepunkt. In den tiefer liegenden Waldbereichen sind die Bäume nur etwa halb so alt wie im Gipfelbereich. Hier beherrschen die schlanken, grauen Stämme der Rotbuchen die Kronenschicht. Einst war auch die Esche mit großem Anteil vertreten. Aufgrund des im letzten Jahrzehnt stark verbreiteten Eschentriebsterbens sind viele der alten Eschen bereits abgestorben. Wer aufmerksam hinschaut, entdeckt am Berghang die Überreste einer keltischen Fliehburg in Form von Steinwällen.

→ GPS Parkplatz
50°20'42.01"N 9°53'56.80"E

→ Tipp
Ein Urwald-Lehrpfad umrundet den Lösershag auf etwa 5 km Länge und leitet den Besucher dabei auch mitten durch das Naturwaldreservat und zum Gipfel.

114 | Rhön Kaskadenschlucht

Nur 2 km nordöstlich von Gersfeld in der Rhön hat sich der Feldbach unterhalb des 815 m hohen Feldberges – ein Nachbar der bekannten Wasserkuppe – eine Schlucht in die älteste Gesteinsschicht der Rhön aus Buntsandstein gegraben. Im Tal mäandert das Wasser durch die sogenannte Kaskadenschlucht, die durch kleine Stufen und beachtliche rote Prallhänge die Aufmerksamkeit des Besuchers auf sich zieht. Das Rauschen des Feldbachs ist zur Zeit der Schneeschmelze oder nach starken Regenfällen am größten, während es in der regenarmen Zeit im Sommer nur für ein leises Murmeln reicht. Rund um die steilen Hänge breitet sich ein vielfältiger Mischwald aus. Hier wachsen schlanke Bergahorne direkt neben monumentalen, oft einzeln stehenden Fichten. Diese sind in Bestände mit respektablen Überhälterbuchen eingebettet, unter denen eine enorm dichte Naturverjüngung eingesetzt hat. Der Wald des Feldbachtales geht Richtung Osten fließend über in das 50 ha große Rote Moor, das seit 1979 in das 314 ha große Naturschutzgebiet „Rotes Moor" eingegliedert ist. Im Übergangsbereich von Moor und Wald kann man die Leichtigkeit lichter Birkenwäldchen am eigenen Leib erfahren. Wenn man auf den Boden schaut, entdeckt man mit etwas Glück die seltene Alpenspitzmaus, die nur in Europa vorkommt. Auch Birkhuhn und Waldschnepfe können aufmerksame Beobachter vom Aussichtsturm im Moor ausmachen.

114

114

→ **GPS Parkplatz**
50°27'44.61"N 9°57'0.16"E

→ **Tipps**
Familien finden auf der nahen Wasserkuppe eine 700 m lange Sommerrodelbahn und den Rhönbob. www.wasserkuppe.net/sommerrodelbahn-wasserkuppe

→ Eine Wanderung durch Feldbachschlucht mit ihren zahlreichen Brücken hin zum Holbohlenweg des Roten Moores füllt leicht einen ganzen Wandernachmittag, mit bis zu 25 km.

115

115 | Rhön Kreuzbergwald

Drei Kilometer südlich von Bischofsheim in der Rhön wölbt sich der „Heilige Berg der Franken" über die Landschaft. Seit Jahrhunderten pilgern die Menschen auf den 928 m hohen Berg, zum dort angesiedelten Kloster und einer Gruppe von drei Kreuzen. Auch für Naturliebhaber gibt es reichlich Gründe, um der Gegend einen Besuch abzustatten. Ein Anlass dafür sind die an den Südhängen des Kreuzberges wachsenden Zwiebel-Zahnwurz-Buchenwälder, die von kleinen Quellen durchzogen sind. Zwiebel-Zahnwurz wächst in Bayern nur in der Rhön und vermehrt sich nicht durch Samenbildung, sondern durch vegetative Brutknospen, die bei Bodenkontakt zu wachsen beginnen. In den Hochlagen des Kreuzberges entwickeln sich die Buchenstämme wetterbedingt zu besonders bizarren Baumgestalten, die mit gewundenen Stämmen und verbogenen Ästen dem windigen, kalten und schneereichen Wetter trotzen. Besonders schön können das Besucher im Verlauf des Bergrückens in Richtung Neustädter Haus beobachten. Immer wieder stößt man auf Blockfelder, die auch hier vulkanischen Ursprungs sind. In diesen unwegsamen Bereichen war dem Rhönbewohner das Bewirtschaften meist zu mühselig, so kann man hier zwischen den Felstrümmern Bergahorn, Linden und Bergulmen ausmachen. Jeder Einzelne von ihnen unregelmäßig bekront, jeder eine eigene Persönlichkeit. Ein letzter Grund für einen Besuch des Kreuzberges könnte die umfassende Aussicht sein, die bis in den Thüringer Wald und den Taunus reichen kann. Im Winter wird der Berg zum Skigebiet. Waldliebhaber können dann mit Schneeschuhen oder Langlaufski dem Trubel entkommen.

115

→ **GPS Parkplatz kostenpflichtig**
50°22'31.14"N 9°58'36.40"E

→ **Tipps**
Im Kloster Kreuzberg wartet nicht nur geistliche Erfrischung, sondern auch das schmackhafte Klosterbräu und deftiges Essen. www.kloster-kreuzberg.de

→ Einkehren und Übernachten kann man auch in den Berghütten Gemündener und Neustädter Hütte.

→ Wanderer mit reichlich Zeit könnten den 180 km langen Wanderweg „Hochröhner" angehen, der durch das gesamte Biosphärenreservat Rhön führt.

116 | Spessart Rohrberg

20 km südöstlich von Aschaffenburg liegt mitten in den Hügeln des Spessarts das nur 11 ha kleine, bereits 1928 als Naturschutzgebiet ausgewiesene Naturwaldreservat Rohrberg, bei dem es sich um Reste eines ehemaligen Eichenhutewaldes handelt. Ein solch beeindruckendes Waldbild könnten die Dichter der Romantik vor Augen gehabt haben, als

116

sie das Urbild des deutschen Waldes mit pathetischen Worten priesen und dabei Räubergeschichten mit Natureindrücken aus dem dichten Wald vermischten. Die Eichenstandorte im Spessart sind allerdings in der realen Welt in allergrößter Überzahl durch menschliche Selektion und Förderung entstanden und wurden gegenüber ihrer natürlichen Verbreitung um das Zehnfache ausgedehnt. Hier am Rohrberg stehen Methusalem-Eichen mit trommelartigen Stämmen neben greisen breitkronigen Buchen. Überall hat sich Buchennaturverjüngung breitgemacht und wächst mit der nächsten Generation in die Kronenschicht ein. In der Natur können Eichen nur dort die Buche überflügeln, wo es sehr trocken oder nass ist. Am Rohrberg kann man die Charaktervögel der ursprünglichen Eichen- und Buchenwälder, den Grau- und Mittelspecht, an den Stämmen klopfen hören. Nicht umsonst kommt der Name Spessart vom Wort „Spechtshaard".

116

→ GPS Parkplatz
49°53'29.81"N 9°24'46.18"E

→ Tipps
Etwas weiter nördlich befindet sich bei Gräfendorf das Baumhaushotel Seemühle. www.das-baumhaushotel.de

→ Besucher können den Rohrbergbestand auf einer gemütlichen knapp 3 km langen Wanderung umrunden.

117 | Spessart Eichhall

Das Naturwaldreservat Eichall befindet sich unweit nördlich von seinem Nachbarn Rohrberg. Mit 67 ha ist das Gebiet aber deutlich größer und erstreckt sich über die westlichen Hänge des Geiersbergs, der mit 586 m höchsten Erhebung des Spessarts. Wer den Bestand auf dem Wanderweg durchschreitet, der blickt bewundernd auf wahre Baumriesen mit Stammhöhen von über 40 m, die mitunter schon 400 Jahre wachsen und einen Durchmesser von mehr als einem Meter haben. Sie entstammen der forstwirtschaftlichen Behandlung durch zahlreiche Durchforstungen in den letzten Jahrhunderten und wären der Traum eines jeden wirtschaftlich denkenden Försters, denn das Furnierholz der Spessarteichen ist extrem begehrt und gut bezahlt. Der Eichhall wurde jedoch seit 2002 einer

117

Bewirtschaftung entzogen, und die Bäume können wieder nach ihrem eigenen Lebensrhythmus leben und sterben. Rissige Rindenstrukturen der Eichen, abgestorbene Kronen und die kahlen Trommeln schon länger abgestorbener Stämme bieten idealen Lebensraum für Insekten. Im Gebiet von Eichhall wurden bisher 200 totholzbewohnende Käferarten entdeckt, unter ihnen gut 80 Käferarten, die als stark gefährdet gelten. Dazu gehören auch Eremit und Hirschkäfer. Eine Selbstüberlassung bedeutet allerdings auch hier, dass in der Konkurrenzsituation zwischen Eiche und Buche, die Eiche wegen der Schattenverträglichkeit der Buche auf Dauer den Kürzeren ziehen wird. Da in einem Naturwaldreservat der Waldentwicklung freier Lauf gelassen wird, könnte es in einigen Jahrhunderten kaum noch Eichen in dem Bestand geben. Hier kann man gut nachempfinden, wie schwierig es für den Menschen ist, im Angesicht solcher Methusalem-Eichen die Natur einfach Natur sein zu lassen.

→ GPS Parkplatz
49°55'36.68"N 9°23'56.75"E

→ Tipp
Auf der Räuberwaldrunde um Rohrbrunn warten knapp 14 intensive Waldkilometer auf sportliche Geher.

118 | Haßberge Brambergwald

Die Kuppe des 500 m hohen, erloschenen Vulkanes Bramberg liegt mitten im Naturpark Haßberge. Seine Spitze schaut aus dem großen Waldgebiet gleich östlich von Königsberg in Bayern deutlich heraus. Auf seinem Gipfel steht die spektakuläre Ruine der Bramburg, die der Bischof von Würzburg 1250 auf Geheiß des Kaisers erbauen ließ, wohl auch, um den Handel über den Rennweg zu kontrollieren. Wer die mittelalterliche Wehranlage für sich einnimmt, kann einen der schönsten Ausblicke der Haßbergregion erleben. Umgeben wird die Feste von ausgedehnten Laubmischwäldern, in denen die Buche überwiegt. Besonders rund um den Bramberg sind Eiche, Ahorn und auch Linde Bestandteil des Kronendachs. In der weiteren Umgebung kommen auch Fichten, Kiefern und Lärchen in kleinen Beständen oder in Gruppen häufiger vor. Am Haßbergtrauf, dem steilen Westabfall des Berglandes, kann man dagegen auf trockene Hangwälder mit Eichen oder Kiefern stoßen. In den feuchten Bachtälern, in denen der Feuersalamander lebt,

117

wachsen Erlen zusammen mit natürlichen Fichtenauwäldern. Besucher stoßen im Wald auf romantische Hohlwege, mehrere Teichanlagen und idyllische Kleinseen sowie Wolfsgruben, die einstmals zur Bejagung von Wolf und Bär dienten. Auch heutzutage wurden schon wieder Wölfe in den Haßbergen gesichtet, natürlich nicht in den Gruben.

→ GPS Parkplatz
50°6'32.98"N 10°38'25.67"E

→ Tipp
Vom Ort Bramberg aus führt eine 8 km lange Rundwanderung hinauf zur Ruine.

118

118

119

119 | Steigerwald Knetzberge-Böhlgrund

Das ganz frisch im Jahr 2020 ausgewiesene, 849 ha große Naturwaldgebiet befindet sich gleich südlich von Zell, am Ebersberg. Es erstreckt sich entlang des Böhlbachs hin zum 487 m hohen Großen Knetzberg und endet an den Weinbergterrassen von Zell am Mordgrund. Somit stellt es eines der größten geschützten Buchenmischwaldgebiete Bayerns dar. Die Waldstrukturen variieren mit der bewegten Topografie, die Kuppen, Steilhänge und Schluchten ausbildet. Große Standortunterschiede sorgen für eine ganze Palette verschiedener Waldgesellschaften, in denen die natürliche Waldentwicklung nun ungestört vonstatten gehen darf. Den größten Flächenanteil haben die Hainsimsen-Buchenwälder, in denen die Rotbuche die dominierende Baumart ist. Die bröckeligen Tongesteine, sogenannte Keuperschichten im Boden, sind allerdings recht labil. Das führt zu häufigen Rutschungen an den Hängen der tief eingeschnittenen Bachtäler und ist ein Grund, warum das Gebiet in den letzten 50 Jahren nur geringer forstlicher Nutzung unterlag. In den steileren Bereichen

119

des Waldes konnten sich Baumarten wie Traubeneiche, Hainbuche, Linde und Bergahorn durchsetzen. Sogar einige Elsbeeren und Speierlinge sind anzutreffen. Die Talsenken entlang der Bachläufe werden dagegen von einem Erlen-Eschenwald besiedelt. Hier und in den angrenzenden Flächen erblühen im Frühjahr große Bärlauchteppiche, deren knoblauchartiger Duft dann den Wald erfüllt. An den zahlreichen Frischwasserquellen im Wald kann man die gefährdeten Feuersalamander und die Gelbbauchunke aufstöbern. Der Naturwald ist reich an Biotopbäumen mit großen Durchmessern, die Lebensraum für die Larven des seltenen Netz-Rotdeckenkäfers bieten. Alte Spechthöhlen werden zum Beispiel von Bechsteinfledermäusen oder dem Großen Mausohr bewohnt. Vielleicht bekommt dem Besucher auch das melodische „dü-delüü-lio" des knallgelb gefärbten Pirols zu Ohren. Die Tatsache, dass die umgebende Landschaft mit extensiv genutzten Obstwiesen und Weinbergen aufwarten kann, macht einen Besuch hier noch interessanter.

→ GPS Parkplatz
49°57'51.08"N 10°33'34.89"E

→ Tipps
Wer gern wild übernachtet, für den wurden im Steigerwald 10 Trekkingplätze eingerichtet, auf denen man gegen eine Gebühr von knapp 5 Euro von April bis Oktober sein Zelt auf wunderbaren Stellen mitten im Wald aufstellen kann. www.trekkingerlebnis.de

→ Auf dem 15 km langen Schlangenweg bei Zell schlängelt sich der Wanderer sanft bergan, passiert Sandsteinfelsen und wilde Schluchten.

120 | Steigerwald Kleinengelein

Das 53 ha große Naturwaldreservat Kleinengelein zeigt sich als eine wahre Waldperle und befindet sich im Steigerwald nahe der Ortschaft Obersteinbach etwa 20 km westlich von Bamberg. Wer vom Wanderparkplatz dem Lauf des Weilersbaches folgt und dann bergan geht, er-

120

reicht, tief im Waldesgrün versteckt, das Kerngebiet des Reservates, das unter Forstleuten eine Berühmtheit ist, weil hier einige der höchsten Buchen Deutschlands wachsen. Der Bestand wurde erst im Jahr 2010 als Naturwaldreservat ausgewiesen, wird aber seit etwa 70 Jahren nicht mehr forstlich genutzt. Im Mittelalter sah das noch anders aus, als der hier stehende Hutewald bis an die Grenze seiner Belastbarkeit ausgebeutet wurde. Erst der Erlass einer Holzordnung durch den Hochstift Würzburg 1721 verbesserte die Lage, und ein schichtenreicher Mittelwald entstand. Spätere Bewirtschafter überführten den Bestand in einen Hochwald, in dem sogenannte Schaufelbuchen das Betriebsziel waren. Das sind Bäume, die dick genug waren, um daraus in einem Stück Getreideschaufeln fertigen zu können. So hat sich ein wilder Wald entwickelt, von dem einige Stämme schon zur Zeit des Dreißigjährigen Krieges wuchsen, was ein Alter von mehr als 370 Jahren vermuten lässt. Die Rotbuchen erreichen Stammumfänge von bis zu 4 m. Wenn man hier im Gegenlicht des frisch ausgetriebene Buchenlaubes vor dem dunklen Hintergrund der fast 46 m hohen Stammsäulen den Kopf weit in den Nacken legt, um die Kronen beobachten zu können, lacht das Herz eines jeden Besuchers. Umgeben ist der Bestand von jüngeren, etwa 70 Jahre alten Buchenmischwäldern mit Rotbuchen, Eichen, Eschen, Ahorn aber auch einigen Fichten- und Douglasien. Am nahen Zabelstein wartet außerdem eine romantische Burgruine.

→ GPS Parkplatz
49°54'9.03"N 10°32'4.95"E

→ Tipps
Wer nach neuen Perspektiven sucht, ist auf dem Baumwipfelpfad Steigerwald bei Ebrach gut aufgehoben. www.baumwipfelpfadsteigerwald.de

→ Von Untersteinbach führt eine etwa 7 km lange Rundwanderung zum Hort der alten Buchen.

→ Wer nachts gern im Wald schläft, kann sich einen Trekkingplatz suchen. www.trekkingerlebnis.de

120

121 | Steigerwald Ipphofener Wälder

121

Gleich östlich neben Ipphofen breitet sich ein größeres Laubwaldgebiet des Steigerwaldes über eine Hügelkette aus. Hier stößt der Waldbesucher auf beträchtliche Flächen Mittelwald. Im Ipphofener Mittelwald, der als einer der am besten erhaltenen Mittelwälder Europas gilt, wachsen vornehmlich Eichen, Hainbuchen, Linden, Elsbeeren, Eschen und verschiedene Ahornarten. Mittelwälder sind reich an unterschiedlichen Strukturen, in denen sich Mittelspecht, Schwarzspecht und Halsbandschnäpper wohlfühlen. Sogar „Eichelschweine" laufen wie auf der Mittelmeerinsel Korsika

121

durch Teile der Wälder. Ihr Fleisch ist unter Gourmets begehrt. Bei einem Gang durch den Mittelwald wechseln sich parkartige Flächen mit wild durcheinander wachsendem Unterholz ab. Auf der 420 m hohen Bergkuppe „Schlossberg" an der südöstlichen Kante des Waldes hat der Besucher die Gelegenheit, den wilden Wald rum um die Ruine Spreckfeld auszukundschaften. Knorrige Eichen, Hainbuchen, Kastanien und riesige Ahornbäume sorgen für märchenhafte Stimmung. Schmale Pfade führen durch den im Frühjahr von ausufernden Bärlauchteppichen bewachsenen Bergwald.

⟶ GPS Parkplatz
49°42'36.47"N 10°19'5.84"E

⟶ Tipp
Auf der „Traumrunde" von Ipphofen können Wandersleut auf ca. 13 km vielfältige Eindrücke von Mittelwald, eine Ruine, Weinbergen und Fachwerkidylle gewinnen.

122 | Fichtelgebirge Waldstein

Der grüne Buckel des Großen Waldsteins ist 877 m hoch und liegt zwischen Münchberg und Weißenstadt im Landkreis Hof. Im Gipfelbereich ist ein 22 ha großes Naturwaldreservat ausgewiesen, das gleichzeitig seit 1950 als Naturschutzgebiet fungiert. Hier stößt man auf der Nordseite auf Reste ursprünglicher hochmontaner Fichtenwälder mit seltenen Moosen und Flechten. Auf der Südseite dagegen kann man einige durchmesserstarke Buchenbestände mit einem hohen Anteil von Bergahorn entdecken. Die Bäume dürfen hier ihr natürliches Lebensalter erreichen, ohne vorher eingeschlagen zu werden. Fichten und Buchen können etwa 250 bis 400 Jahre alt werden. Ahorne erreichen in Ausnahmefällen auch schon mal 500 Lenze. Wie auf vielen anderen Gipfeln im Fichtelgebirge

122

sind auch auf dem Waldstein bizarre Felsformationen anzutreffen. Hier formen Felsen aus Silikatgestein Ecken und Nischen, die der Mauerraute und dem zierlichen Blasenfarn Lebensraum bieten. Auch Arten wie zum Beispiel die Bechstein- und die Mopsfledermaus nutzen diese Lebensräume als Habitat. Auf dem Waldstein befindet sich die Ruine einer bereits 1523 zerstörten Gipfelburg. Vom sogenannten „Roten Schloss" sind nur noch die Grundmauern erhalten. Zwischen den Mauerresten wachsen imposante alte Buchen und Ahornbäume.
Im Naturwaldreservat wurde ein gemauerter Bärenfang als Jagddenkmal erhalten, in dem wohl 14 Bärenfänge historisch belegt sind. Die letzte Spur eines Meister Petz' am Waldstein wurde im Jahr 1780 gesichtet.

⟶ GPS Parkplatz
50°8'12.07"N 11°51'39.22"E

⟶ Tipps
Eine erbauliche, aber auch lange Wanderung durch den dichten Wald über den ausgewiesenen Nordweg führt über ca. 18 km zur Ruine Epprechtstein.

⟶ Im Biergarten der Gaststätte Waldsteinhaus kann man sich mit regionalen Speisen der fränkischen Küche stärken. www.waldsteinhaus.de

123 | Fichtelgebirge Luisenburg

Gleich westlich von Marktredwitz wölbt sich das 939 m hohe Bergmassiv von Burgstein und Kösseine über das Hohe Fichtelgebirge, das hier mit sogenannten Blockmeeren gespickt ist. Die geologische Eigenart des Granitgesteins mit seinen riesigen Blöcken reizte schon Johann Wolfgang von Goethe, der etwas über die Entstehung dieser Formen herauszufinden hoffte. Heute weiß man, dass Erosion und Verwitterung durch Frost und Wasser zu den klobigen Steingärten beigetragen haben. Besucher wandeln hier zwischen Moos überwachsenen Felsenriffen, zwängen sich durch enge Spalten oder erklettern die Felsen auf Treppen, die zu grandiosen Aussichtspunkten führen. Im Wald dominieren Fichten, Kiefern und Lärchen. Im Gipfelbereich des Bergmassivs verläuft die Wasserscheide zwischen Nordsee und Schwarzem Meer. Gleichzeitig findet man hier auch die Naturschutzgebiete Kösseine und Luisenburg. In diesen hohen Lagen wachsen gebogene Kiefern und Birken sowie Fichten, die sich mit schlanken Kronen an die Schneelast im Winter angepasst haben.

⟶ GPS Parkplatz kostenpflichtig
50°0'48.27"N 11°59'28.09"E

⟶ Tipps
Das Felsenlabyrinth Luisenburg gehört zu den populärsten Attraktionen für Familien mit Kindern im Fichtelgebirge. www.wunsiedel.de/

123

⟶ Wanderer spazieren auf den Spuren von Königin Luise von Preußen zwischen Luisenburg und Kösseine mit zahlreichen faszinierenden Felsaussichten und legen dabei ca. 5 km zurück.

⟶ Auf der Freilichtbühne Luisenburg werden mitten im Wald in jedem Sommer die Luisenburg-Festspiele aufgeführt. www.luisenburg-aktuell.de/auf-der-burg

123

123

124 | Fichtelgebirge Burg Weißenstein

Der im Nordosten Bayerns gelegene Naturpark Steinwald gleich südlich von Marktredwitz formt mit seinem 946 m hohen Hauptgipfel „Auf der Platte" einen markanten bewaldeten Höhenzug im südlichen Fichtelgebirge. Hier wachsen in der Überzahl Nadelwälder. Besonders die Altbestände aus Fichten erregen mit ihren Ehrfurcht gebietenden, säulenartigen Stämmen die Aufmerksamkeit der Besucher. Oft ist der Waldboden hier auf weiten Flächen mit grünem Moos bedeckt, was die Herzen der Pilzsammler höherschlagen lässt, da man hier die schmackhaften Gewächse leicht entdecken kann. Auch Heidelbeere, und Preiselbeere kommen in größeren Beständen vor. Speziell an den südlichen Hängen des Steinberges sind in den Nadelwald immer wieder schöne Buchenbestände eingestreut, in denen auch Bergahorn und Eichenstämme wachsen. Aus dem Wald ragen zahlreiche Felsen mit sprechenden Namen wie Räuberfelsen, Vogelfelsen, Saubadfelsen. Das Highlight auf der Gebirgskuppe stellt die Burgruine Weißenstein dar, die mitten im einsamen Wald liegt und erwandert werden muss. Erbaut wurde sie um das Jahr 1100, wobei das Urgestein aus Granit als Sockel einbezogen wurde. Die spektakuläre Ansicht der Feste steht im Gegensatz zu ihrer eher unbedeutenden Rolle in der Geschichte. Einige ansehnliche und durchmesserstarke Ahornbäume befinden sich ebenfalls auf dem Burggelände.

124

→ **GPS Parkplatz**
49°55'32.38"N 12°4'57.60"E

→ **Tipps**
Nur ein paar Kilometer von der mittelalterlichen Feste wurde der hölzerne Oberpfalzturm in Gipfellage des Waldes erbaut. Er verschafft einen grandiosen 360-Grad-Weitblick.
www.naturpark-steinwald.de/oberpfalzturm

→ Vom Wanderparkplatz Hohenhard aus führt eine ca. 7 km lange Rundwanderung an Ruine und Aussichtsturm vorbei.

125

124

125 | Fichtelgebirge Gitschger

Gute 10 km südöstlich von Marktredwitz erhebt sich der 685 m hohe Große Teichelberg aus dem grünen Waldmantel des Naturparks Steinberg gleich neben dem Dorf Pechbrunn. Sein Gipfel wird aus Basalt gebildet, der durch vulkanische Aktivität im Erdzeitalter Tertiär an die Oberfläche gefördert worden ist. Kein Wunder, dass sich an seiner Nordseite ein aktiver Steinbruch befindet. Die Südseite des Berges allerdings wird durch das 69 ha große Naturwaldreservat Gitschger vor weiterer Ausbreitung des Steinbruchs geschützt. Es ist Teil des Naturschutzgebietes Großer Teichelberg. Auf dem gut mit Nährstoffen und Feuchtigkeit versorgten Boden dominiert die Rotbuche, die als Waldgersten-Buchenwald hier die natürliche Vegetationsform darstellt und auf der Fläche einen relativ großen Holzvorrat bilden konnte, der im lebenden wie im Totoholzbereich weit über dem Durchschnitt bayerischer Wälder liegt. Vergesellschaftet ist die Buche mit den Baumarten Fichte, Esche und Bergahorn. Anderswo rare Sträucher wie Seidelbast und Rote Heckenkirsche erscheinen zusammen mit Waldmeister, Waldbingelkraut, Flattergras und Ähriger Teufelskralle und vielen anderen Pflanzen in den artenreichen unteren Vegetationsschichten. Sie bilden wichtigen Lebensraum für viele Schmetterlingsarten wie den Natternkopf-Wippflügelfalter, der in Bayern bereits lange als verschwunden galt und hier wiederentdeckt wurde. Neben den drei deutlich hörbaren Spechtarten Bunt-, Grau- und Schwarzspecht leben hier auch die heimlicheren Vogelarten wie Uhu und Schwarzstorch. Am Boden schleicht die Wildkatze durch den Wald.

→ **GPS Parkplatz**
49°58'5.80"N 12°9'44.89"E

→ **Tipp**
Eine schöne etwa 6 km lange Wanderung führt um den Großen Teichberg und verläuft entlang des Naturwaldreservates.

125

126

126

126 | Fränkische Schweiz Greifenstein

Das liebliche Tal des Leinleiterbaches und seine umgebenden Waldbuckel rund um den Ort Heiligenstadt, der etwa 10 km nördlich von Ebermannstadt liegt, sind für die eine oder andere Überraschung gut. Über dem Ort thront die Silhouette des im 12. Jahrhundert erbauten und später erweiterten Schlosses Greifenstein. Schon bei der Anfahrt durch eine beeindruckende Lindenallee kommt der Naturliebhaber auf seine Kosten. Rund um das Schloss breitet sich ein in den Wald eingewachsener Park mit alten Bäumen aus, in dem einige mächtige Eiben im Unterholz wachsen und Kastanien, die Kerzenständern gleichen, am Wegesrand stehen. Nahtlos geht der Park über in Waldmeister und Orchideen-Buchenwälder. In den Altbeständen aus Buchen ist reichlich Naturverjüngung zu bestaunen. Die Ruine „Weißer Pavillon", die mit der Zeit langsam vom Wald zurückerobert wird, gilt als „Lost Place". Unterhalb des 583 m hohen Altenberges warten verwunschene Teichanlagen in einem Waldtal darauf, entdeckt zu werden. Gleich gegenüber bietet die mitten aus dem Laubwald schauende Traindorfer Höhe einen Aussichtspunkt über die reizvolle Fränkische Schweiz.

⟶ GPS Parkplatz
49°52'27.90"N 11°10'24.54"E

⟶ Tipps
Am Ullrichstein, einem Felsen aus Dolomit, können Mutige eine Spaltenhöhle erkunden, die nach einem Dutzend Metern an anderer Stelle wieder ans Tageslicht kommt.

⟶ Hungrige Zeitgenossen kehren anschließend in die zünftige Burgklause ein. www.schloss-greifenstein.de

⟶ Auf einem abwechslungsreichen, 3 km langen Spaziergang können Besucher vom Burgparkplatz aus die Höhepunkte des Waldes erkunden.

127 | Fränkische Schweiz Streitberg

Nur ganz wenige Orte in Deutschland bieten auf engstem Raum derart zahlreiche und einmalige Felsformationen mit Grotten, Höhlen, Toren, Bögen und Nadeln wie die Hänge und Hügel rund um den Fachwerkort Streitberg 15 km nordöstlich von Forchheim. Die allermeisten dieser geologischen Kuriositäten befinden sich mitten in den ausgedehnten Laubmischwäldern, welche die Hänge des Wiesenttals bedecken. Der Wald selbst ist ähnlich vielgestaltig. So wachsen auf den Kuppen Eichentrockenwälder in Kombination mit Hainbuchen. Ihnen gemein sind krumme Stämme, die nicht besonders dick sind, aber schon ein hohes Lebensalter aufweisen. Das ist den harschen Wachstumsbedingungen im Karstgestein geschuldet, in dem das Wasser schnell versickert. Den Hauptbestandteil des Waldes bilden allerdings potente Buchenmischwälder mit eingestreuten Eichen, Linden, Berg- und Spitzahornen, Ulmen und Eschen. Sogar die seltene Elsbeere können aufmerksame Beobachter

127

127

hier entdecken, aber auch Kiefernwäldchen, in denen sich im Frühjahr Schlüsselblumenwiesen ausbreiten. Bei hohen Niederschlägen können mitten im Wald temporäre Karstquellen auftauchen. Als wäre das nicht genug an Attraktionen, schmücken Burgruinen die Landschaft, wie die Burg Neideck, die auf einem Felssporn prominent über dem Wiesenttal wacht, oder die Streitburg oberhalb des Fachwerkortes Streitberg. Die Nischen, Höhlen und Grotten bilden Verstecke für seltene Fledermausarten oder felsenbrütende Vögel.

⟶ GPS Parkplatz
49°48'30.61"N 11°13'34.83"E

⟶ Tipps
Wer eine Taschenlampe in den Rucksack steckt, kann in das Dunkel einiger Höhlen eintauchen, wie die 50 m lange Karsthöhle „Schneiderloch" oder alternativ gegen Eintrittsgebühr die Binghöhle mit ihren Tropfsteinwelten auf einer Führung erkunden. www.binghoehle.de

⟶ Vorbei an Felsen und Aussichtsbergen führt eine spektakuläre, etwa 13 km lange Runde um den Ort Streitberg.

128 | Fränkische Schweiz Druidenhain

Gleich östlich von Forchheim erstreckt sich der Naturpark Fränkische Schweiz. Das Gebiet wartet auf mit Wäldern, die sich an die Wände der tief eingeschnittenen Täler schmiegen und aus deren Blätterdach unzählige Felszacken aus Kalkstein hervorstehen. Unter dem Kronenmantel lassen sich Karstquellen und Höhlen entdecken und eben auch magische Orte wie der Druidenhain gleich südlich des Dorfes Wohlmannsgesees. Am Waldboden breitet sich hier ein kleines Felsenmeer aus, dessen Gestein vor 160 Millionen Jahren in der Periode des Jura im salzigen Meerwasser durch Lebewesen mit Kalkskeletten entstanden ist. Dieses Kalk- und Dolomitgestein wurde durch die Kräfte der Kontinentalverschiebung angehoben und erodierte mit der Zeit durch die Einwirkung von Wasser, Frostsprengung und chemischen Lösungsprozessen. So entstanden auch diverse schüsselartige Vertiefungen in den Felsen, die diesen Platz wie einen Kultplatz keltischer Druiden erscheinen

128

lassen. Für diese These gibt es allerdings bislang keine archäologischen Beweise. Trotzdem können sich Besucher in Gedanken in diese historische Szenerie versetzen, wenn sie sich frühmorgens durch wabernde Nebelschwaden zwischen

128

den Felsblöcken, die mitunter von den ausladenden Wurzelsystemen ehrwürdiger Ahornbäume und Fichten überwachsen sind, bewegen. Nicht umsonst wird dieser Ort in esoterisch angehauchten Gruppen als Kraftort gehandelt.

→ GPS Parkplatz
49°47'10.09"N 11°15'41.75"E

→ Tipp
Wanderer können einen Besuch im Druidenhain hervorragend mit einer gut 10 km langen Wanderung durch die umgebenden Buchenmischwälder über den Schlossberg hin zur Esperhöhle bei Leutzdorf kombinieren.

129 | Fränkische Schweiz Gößweinsteiner Eibenwald

Gleich unterhalb des Ortes Gößweinstein versteckt sich ein Rückzugsort

129

für eine bedrohte Baumart in einer imposanten Felslandschaft: die Eibe. In den steilen von Buchen und Fichten bewaldeten Hängen am Ufer der Wiesent stehen in der Unterschicht dunkle Baumgestalten, die auf den ersten Blick ein unscheinbares Schattendasein fristen. Wer genauer hinschaut, entdeckt, dass es sich dabei um Eiben handelt.
Als Schattenbaumart kann sie mit viermal weniger Licht auskommen als zum Beispiel die Kiefer. Die meist nicht viel höher als 12 m werdende Baumart ist nicht mit den einheimischen Nadelbäumen verwandt und bildet anders als diese keine Zapfen, sondern rote Beeren aus.

129

Nicht zuletzt wegen ihrer merkwürdigen, nicht selten vielstämmigen Gestalt war der Baum unter den Kelten und Germanen von kultischer Bedeutung, als ein Begleiter in die Anderswelt. Der Ursprung dessen liegt sicher auch darin begründet, dass alle Teile des Baumes mit Ausnahme des roten Samenmantels für Menschen stark giftig sind. Hier, im bereits 1978 als Naturschutzgebiet und Naturwaldreservat ausgewiesenen Hangwald oberhalb der Wiesent, finden sich Tausende Eiben. Manche sind schon fast einen halben Meter dick. Die meisten aber sind eher jugendlich zu nennen, erreichen Eiben doch leicht 1000 Jahre Lebenszeit. Nicht minder beeindruckend sind die spitzen Kalksteinfelsen, die aus dem Boden zu schießen scheinen und Lebensraum für seltene Arten wie Wanderfalken und Uhu darstellen.

→ GPS Parkplatz kostenpflichtig
49°46'6.58"N 11°20'0.36"E

→ Tipps
Die oberhalb des Naturwaldreservates liegende mittelalterliche Burganlage Gößweinstein ist ebenso wie der kleine Ort selbst mit seinen Fachwerkhäusern einen Abstecher wert.
www.burg-goessweinstein.de

→ Auf einem etwa 6 km langen Rundwanderweg kann das Naturschutzgebiet wunderbar erkundet werden.

130 | Fränkischer Jura Birgland

Gute 20 km östlich von Amberg liegt nahe der A6 in der Gemeinde Brigland mit 653 m Höhe einer der höchsten Berge der Mittleren Fränkischen Alb. Ungeachtet dieses

130

Superlativs ist der Poppberg auf den ersten Blick eine eher unscheinbare, kegelförmige Waldkuppe. Doch es lohnt sich ein zweiter Blick, denn hier breitet sich ein wunderbarer Buchen-Altbestand mit hallenartiger Struktur aus. Eingestreut in den Bestand sind Lärchen, Fichten

130

und Ahornarten. Ein besonderes Attribut des Waldes finden wir in seiner Bodenschicht. Hier spitzen überall dick mit Moos bewachsene Kalksteinfelsen aus der Erde, die mitunter bizarre Formen bilden und den Vergleich mit Köpfen oder Altären aufkommen lassen. Fast wie ein Dornröschenschloss erscheint die am höchsten Punkt des Waldes thronende Ruine der Gipfelburg Poppburg, die im 13. Jahrhundert als Höhenburg errichtet worden ist.

⟶ GPS Parkplatz
49°24'40.85"N 11°34'39.63"E

⟶ Tipp
Auf der Bärenfels-Runde von Frechetsfeld aus erwandert man auf 13 km Länge auch die Ruine Poppberg und die umliegenden Waldungen.

131 | Oberpfalz Lerautal

10 km südöstlich von Weiden in der Oberpfalz liegt der malerische Flecken Markt Leuchtenberg auf einer abgeflachten Granitkuppe inmitten des Naturparks Oberpfälzer Wald. Der kleine Weiler beeindruckt vor allem mit der sehr gut erhaltenen Burgruine Leuchtenburg, die bereits im 13. Jahrhundert errichtet worden sein soll und zu den größten in der Oberpfalz gehört. Zu Füßen des Ortes verläuft das Bachtal der Lerau, das von einem dichten Mantel aus Wald begleitet wird. Auf den ersten 11 km von ihrer Quelle auf dem 809 m hohen Fahrenberg fließt der Bach ohne größeres Aufheben durch liebliche Wiesen, um dann an der Sargmühle bis zur Mündung des Nebenflusses Luhe auf nur 2 km 50 Höhenmeter zu überwinden. In diesem Abschnitt hat die Strömung mächtige Granitblöcke frei gelegt und die Wolfsbachklamm geformt. Wie durch ein grünes Treppenhaus springt und hüpft die Lerau nun nach unten und bietet Eisvogel und Wasseramsel Möglichkeit zum Jagen unter der Wasseroberfläche. Begleitet wird sie von einem schmalen Streifen Auwald, in dem man mehrstämmige Roterlen, aber auch Eschen, Bergahorn und Linden antreffen kann. Sogar einige Fichten wagen sich bis in Wassernähe vor und riskieren damit, länger überschwemmt zu werden. An den umliegenden Hängen dominieren dagegen Rotkiefern. Ihre lichten Kronen geben immer mal wieder den Blick auf bizarre Felsen mit Namen wie Gottes Hände oder Teufelsbutterfass frei. Ein großer Teil des Tales ist als „Naturschutzgebiet Lerautal" ausgewiesen.

⟶ GPS Parkplatz
49°36'13.65"N 12°16'0.74"E

⟶ Tipps
Der knapp 7 km lange Rundwanderweg von Leuchtenberg verbindet das wilde Lerautal mit einem Besuch der Burg.

⟶ Im Sommer spielt das Landestheater Oberpfalz in der Leuchtenburg die Burgfestspiele.
www.landestheater-oberpfalz.de

131

131

132

132 | Oberpfalz Kaitersberg

Der Höhenzug des Kaitersbergs liegt direkt oberhalb von Bad Kötzing in der Oberpfalz und erreicht eine Höhe von 1132 m. Die bewaldete Bergkuppe erstreckt sich über mehrere Buckel. Sein dichter Waldmantel wird lediglich in den Gipfelregionen von blankem Fels durchbrochen, der Platz für eine hochspezialisierte

132

Tier- und Pflanzenwelt bietet. Auf den hiesigen Silikatfelsen haben sich einige Eiszeitreliktarten wie der Nordische Streifenfarn gehalten, die in Deutschland andernorts meist nur noch in den Alpen wachsen. Die bemerkenswerteste Felspartie bilden die mehr als 30 m hohen Felsentürme der Rauchröhren, die in der Mitte gespalten worden zu sein scheinen. Eine lokale Geschichte erzählt vom Robin Hood des Bayerischen Waldes, der sich im 19. Jahrhundert zwischen den Felsbuckeln, -türmen und -höhlen des Kreuzfelsens versteckt haben soll. Der Räuber Heigl überfiel reiche Reisende und teilte seine Beute mit den Bauern der umliegenden Weiler. An den stillen und dunklen Wäldern der Nordflanke des Kaitersberges wurde das Schutzgebiet „Steinbühler Gesenke" ausgewiesen, um hier dem Luchs und dem Wanderfalken Rückzugsmöglichkeiten zu geben.

⟶ GPS Parkplatz
49°11'0.22"N 12°54'39.17"E

⟶ Tipps
Am Gipfel wartet das Berggasthaus „Kötztinger Hütte" auf hungrige Gäste.

⟶ Wanderer können den Höhenzug von Reitenberg aus auf dem Kaitersberg-Höhenweg auf einem ca. 8 km langen Fels- und Wurzelpfad erobern.

133 | Bayerischer Wald Ödriegel

Der Ödriegel ist Teil eines stark bewaldeten Höhenzuges, der sich durch den gesamten Bayerischen Wald zieht. Er wird umringt von dichten Fichtenbergwäldern, in die auch immer mal Laubwaldflächen eingemischt sind. Die Faszination dieses einsamen Waldberges liegt im Variantenreichtum seiner Bestände. Vom Altersklassenwald über Strukturen, bei denen verschiedene alte Bäume nebeneinander auf einer Fläche vorkommen, bis hin zu vom Wind und Wetter geprägten Krummholzwäldchen im Gipfelbereich können Waldliebhaber hier viel entdecken. Hauptattraktion auf

133

dem 1156 m hohen Ödriegel sind die bizarren Felsformationen, die sich entweder zwischen den Wurzeln der Bäume im Wald verstecken oder wie an der ungeschlachten Felsformation des Mühlriegels aus dem Waldmantel heben und so Ausblicke über den Bayerischen Wald gewähren. Star unter den Felsen sind aber die Türme des Ödriegels, bei dessen Anblick fantasievolle Zeitgenossen problemlos an eine versteinerte Gruppe von Wächtern denken könnten.

133

→ GPS Parkplatz kostenpflichtig
49°9'45.32"N 12°59'25.91"E

→ Tipp
Wanderer haben die Möglichkeit, den herausfordernden, ca. 17 km langen Acht-Tausender-Steig zu laufen, der hin zum Arberkamm führt und acht Berge überscheitet, die über der 1000-m-Marke liegen. Zurück geht's mit dem Bus.

134 | Bayerischer Wald Großer Arber

Zwischen Bodenmais und dem Grenzort Bayerisch Eisenstein liegt das Arbermassiv mit dem höchsten Gipfel des Bayerischen Waldes. Rund um den 1456 m hohen Großen Arber erstrecken sich riesige Bergwaldgebiete, die neben forstlich genutzten Flächen auch bedeutende Urwaldreste aufweisen. Einer der schönsten hat im Kessel unterhalb der mächtigen 400 m hohen Arberseewand am Ufer des Arbersees überlebt. Karwand und Seebecken wurden durch die letzte Eiszeit geformt. Der touristisch durch einen Wanderweg voll erschlossene See gewährt intime Einblicke in einen Bergmischwald mit alten Fichten, Kiefern, Tannen, Rotbuchen und Bergahornen, wobei der Rundweg nicht verlassen werden darf. Standortvielfalt mit Moor, Fels- und Wasserflächen bieten Lebensraum für seltene Tier- und Pflanzenarten. Fichten, welche auf dem vermodernden Stamme eines ihrer Urväter

134

aufgewachsen sind, stehen auf Stelzwurzeln. Im Frühjahr breiten sich die sattgelben Blütenteppiche der Sumpfdotterblumen gemeinsam mit den feinen Blüten der Soldanelle über den Waldboden aus. Kleine Wasserfälle sickern durch Moospolster. Rund um den Arber kann man mit etwas Glück auch den Symbolvogel des Bayerischen Waldes beobachten, den Auerhahn, der hier vor allem in den abgeschiedenen Waldteilen lebt und für den eigens Auerwildschutzgebiete geschaffen wurden. Ein weiteres Highlight im hiesigen Wald ist die wild romantische Rißlochklamm, deren Wasser am Westhang des Großen Arbers durch ein enges Tal mit schroffen Felswänden zu Tale donnern. Begleitet von einem naturnahen Bergmischwald mit alten Baumriesen stößt der Spaziergänger hier auf die Rißlochfälle, den größten Wasserfall im Bayerischen Wald.

→ GPS Parkplatz kostenpflichtig
49°5'55.84"N 13°9'34.25"E

→ Tipp
Aktive Wanderer werden es lieben, den Großen Arber auf verschieden langen Wegen zu erwandern (10–30 km). Der Blick von der Bergspitze reicht an guten Tagen bis zu den weiß leuchtenden Gipfeln des Watzmanns in Berchtesgaden.

135 | Nationalpark Bayerischer Wald Lusen

Der leicht zu erwandernde Berg Lusen, der sich etwa 6 km nördlich von Neuschönau befindet, gilt als einer der schönsten Aussichtsgipfel des

Bayerischen Waldes. Das Felsenmeer am Gipfel, das aus mit gelben Flechten bewachsenen Granitblöcken gebildet wurde, gehört darüber hinaus zu den eindrucksvollen geologischen Formationen des Parks. Rund um den Berg lässt sich wie in einer Art Waldlabor beobachten, dass ein nach großen Schadereignissen in Ruhe gelassener Wald sich zu einem wilden Urwald entwickeln kann, wenn man jedes Eingreifen unterlässt. In den 1980er- und 90er-Jahren lösten große Windwürfe an den Berghängen eine rasante Borkenkäfervermehrung aus, die die Altfichten auf riesigen Flächen absterben ließen. Der Anblick großer Waldgebiete mit toten Bäumen

führte aufgrund der „Nicht Eingreifen"-Strategie der Nationalparkverwaltung schnell zu Widerspruch aus der lokalen Bevölkerung und der Angst, hier würde nie wieder Wald wachsen. Wer heute entlang des „Himmelsleiter" genannten Weges den Lusen ersteigt, kann anhand der bleichen Stammkarkassen noch erahnen, wie es einmal ausgesehen hat. Dazwischen hat sich allerdings mittlerweile ein wahres Dickicht von bis zu 15 m hohen jungen Bäumen ausgebreitet. Neben Fichtenverjüngung findet man Ebereschen, Birken, Ahorn, Buchen und sogar vereinzelte Eichen. Am Lusen trifft man auch auf intakte Bergmischwälder mit Buchen, Ahorn, Tanne und Fichte. An den Hängen des Lusen hat sich

135

stellenweise auch Aufichtenwald gebildet. Bestimmender Faktor der Lebensbedingungen ist hier Kaltluft, die von den Berghöhen absinkt, sich in den Tälern wie dem der Sagwasser staut und dort schwierige Lebensbedingungen schafft, welche die Fichte besser als andere Baumarten ertragen kann. Vergesellschaftet ist der Nadelbaum nicht mit den gewohnten Auwaldbaumarten, sondern mit Eberesche und Birke, die als Pionierbaumarten rasch die Löcher füllen, die Stürme auf den moorigen Böden bei den nur flachwurzelnden Fichtenbeständen reißen.

→ **GPS Parkplatz kostenpflichtig**
48°55'46.70"N 13°29'28.61"E

→ **Tipps**
Auf dem Baumwipfelpfad in Neuschönau kann man Tannen von den Wurzeln bis zur Spitze zu Leibe rücken und natürlich die umliegenden Waldberge aus der Vogelperspektive betrachten. www.baumwipfelpfade.de/bayerischer-wald

→ Das frei zugängliche Tier-Freigelände in Neuschönau zeigt Wölfe, Wiesente, Fischotter, Luchs, Wildkatze und Co. und ist besonders beliebt unter den kleinen Waldbesuchern.

→ Für eine Wanderung auf den Lusen kann man zwischen 6 und 15 km Länge ganz verschiedene Wege kombinieren und dabei im Lusenschutzhaus am Gipfel einkehren und übernachten www.lusenschutzhaus.de

136 | Nationalpark Bayerischer Wald Urwaldhaine

Im Nationalpark Bayerischer Wald haben sich rund um den 1325 m hohen Berg Großer Falkenstein mehrere prächtige Waldstücke erhalten, die in puncto Natürlichkeit andere Bergmischwälder in den Schatten stellen und einem echten Urwald in diesen Lagen mit Tannen, Fichten und Buchen mit eingestreuten Ahornbäumen sehr nahekommen. Beide Flächen haben ihre Ursprünglichkeit der ungewöhnlichen Tatsache zu verdanken, dass hier einst wichtige Handelswege entlangführten und die Bestände ab 1763 militärischer Bannwald geworden sind, damit man im Falle eines Angriffs möglichst dicke und große Bäume auf den Weg fällen könnte. Das bedeutete im Zeitalter von Pferd und Wagen ein extrem erschwertes Vorankommen für den Feind. Zum Glück scheint es nicht besonders viele Vorfälle gegeben zu haben, denn im Urwald Mittelsteighütte, der sich direkt neben dem Nationalparkweiler Zwieslerwaldhaus befindet, trifft man auf mächtige bis zu 500 Jahre alte

136

Baumveteranen, die Besucher ehrfürchtig werden lassen. 1914 wurde die Fläche dann zum Schonbezirk und 1939 als Naturschutzgebiet ernannt, ehe sie 1997 in den Nationalpark eingegliedert wurde. So hat sich ein Wald ausbilden können, in dem neben Urwaldriesen, von denen die höchsten 50 m in den Himmel ragen, auch Nachwuchsflächen und mittelalte Baumgruppen in einem Mosaik zu betrachten sind. Seltene Vogelarten wie Weißrückenspecht und Dreizehenspecht, Habichtskauz und Zwergschnäpper haben hier einen Rückzugsort gefunden. Der reichliche Vorrat an Totholz in stehender oder liegender Form beherbergt auch unzählige seltene Totholzbewohner, wie zum Beispiel den Nashornartigen Kopfhornschröter. Gleich mehrere Bäche murmeln durch den Wald und sorgen zusammen mit der reichen Vogelschar für ein ausgelassenes Waldkonzert.

Ganz in der Nähe, zwischen dem Zwieslerwaldhaus und dem Schwellhäusl, liegt das Urwaldrelikt Hans-Watzlik-Hain, das zusammen mit seinem Nachbarn zu einem der bedeutendsten und ältesten Urwaldresten in Mitteleuropa zählt und seit 1950 als Naturschutzgebiet ausgewiesen war, bevor es in den Nationalpark überführt wurde. Hier steht mit 53,8 m Höhe die mäch-

136

136

tigste Tanne des Nationalparks. Der Methusalem soll älter als 600 Jahre sein. Er und viele der anderen großen Tannen befinden sich im Endstadium ihres Lebenszyklus und können jederzeit durch Sturmereignisse zu Boden gerissen werden. Am Boden wuchern Moose, Flechten und Farne. Viel häufiger als in Wirtschaftswäldern können Pilzkonsolen von Hallimasch, Austernsaitling und Schwefelporling beobachtet werden, ebenso der Fruchtkörper des wie eine Koralle anmutenden Ästigen Stachelbartes. Buchenriesen mit bis zu 48 m Höhe und Fichten mit ausufernden Wurzelanläufen tragen zum Urwalderlebnis bei, wenn man auf dem kleinen Urwaldrundweg entlangwandert. Auch die Umgebung, mit ihren kleinen Wasserkanälen im Wald und den sie begleitenden Wegen, ist gerade im Frühjahr eine Pracht, wenn sich im Wasser das hellgrüne Laub der Buchen spiegelt.

→ GPS Parkplatz
49°5'18.76"N 13°14'49.79"E

→ Tipps
Im Nationalparkzentrum Falkenstein wird über den Urwald und seine Besonderheiten aufgeklärt.
www.nationalpark-bayerischer-wald.bayern.de

→ Auf dem 7 km langen Urwalderlebnisweg könne die Haine erkundet werden.

137 | Nationalpark Bayerischer Wald Höllbachgspreng

137

Circa 6 km von Bayerisch Eisenstein entfernt, unweit des Nationalparkdorfes Spiegelhütte an der Südflanke des Großen Falkensteines, eingeklemmt zwischen den Hängen des Schwarzbachriegel und Albrechtschachten bahnt sich der Höllbach seinen Weg über Stock und Stein gen Tal und bildet dabei zahlreiche spektakuläre Wasserfälle. Derart abgelegen war die Bewirtschaftung des Höllbachgspreng genannten Tales relativ uninteressant, sodass der Bereich schon 1860 auf Betreiben von Naturliebhabern forstlich geschont wurde. Nach einer Zeit als Naturschutzgebiet ist das Höllbachgspreng heute Teil des Nationalparks. So konnten sich urwaldartige Strukturen erhalten, mit den „üblichen Verdächtigen" unter den Baumarten eines Bergwaldes wie Buchen, Tannen, Fichten, Bergund Spitzahorn, in einem wilden Bergwald, wie er im Buche steht. Dazu gesellen sich die sonst nur sporadisch zu sehenden Bergulmen und Sommerlinden. Am Boden blühen im Sommer die Hochstaudenfluren mit raren Arten wie zum Beispiel Türkenbund und dem Ostalpen-Enzian. Wanderfalken brüten in den Felswänden oberhalb des Kronendachs. Der Besucher muss einen längeren Fußmarsch in Kauf nehmen, um hierherzugelangen, wird aber mit Waldbildern belohnt, die wegen der ständig feuchten Luft auch von Farnen bewachsene Bäume und ein Sammelsurium gigantischer moosbesetzter Steinblöcke zeigen. Die Höllbachschwelle, ein verträumt gelegener kleiner Stausee, in dem sich die Stämme des Waldes spiegeln, diente einstmals der Holztrift und sorgt für entspannende Momente in dem wilden Tal.

137

→ GPS Parkplatz
49°3'53.12"N 13°18'22.42"E

→ Tipps
Eine grandiose Aussicht, eine zünftige Brotzeit, ein Radler und eine Übernachtungsmöglichkeit erwarten den Besucher im Falkenstein Schutzhaus am Gipfel des Großen Falkenstein der auf einem ausgewiesenen Wanderweg erreicht wird, ca. 14 km.
www.schutzhaus-falkenstein.de

→ Das Nationalparkzentrum Falkenstein in Ludwigsthal lädt zu einem Besuch im Haus der Wildnis mit einem „Wildnis Wurzelgang" ein.
www.nationalpark-bayerischer-wald.bayern.de

138

138 | Bayerischer Wald Buchberger Leite

Gleich westlich von Freyung vereinen sich die Wolfsteiner Ohe und der Reschbach zu einer der aufsehenerregendsten Schluchten Deutschlands, die Buchberger Leite, die 1961 als Landschaftsschutzgebiet ausgewiesen wurde. Sie liegt auf einer geologischen Pfahlzone. Das ist eine Bruchzone, entlang der der gesamte Vordere Bayerische Wald im Vergleich zum Inneren Bayerischen Wald vor 275 Millionen Jahren um mehrere 100 m angehoben worden ist. Die dabei auftretenden Drücke und Temperaturen ließen bis zu 30 m hohe Felswände entstehen. Im Schutze eines grünen, von Moos bewachsenen Canyons hat sich ein sehr ursprünglicher Schluchtwald aus einer munteren Schar von Baumarten wie Erlen, Buchen, Ahorn, Eschen, Linden, Birken, Fichten und Tannen erhalten. Da eine Bewirtschaftung des Waldes in dieser exponierten Schlucht schon immer mit extrem hohem Aufwand verbunden war, hat der Wald hier stellenweise Urwaldcharakter. Dicke Totholzstämme, von Farnen bewachsen und mit zahlreichen Spechthöhlen durchlöchert, gehören ebenso dazu wie hängende Baumgestalten, die ihre Arme über den Fluss strecken und einen Ansitz für Eisvögel bieten, die man als blaue Blitze durch die Schlucht huschen sehen kann. Für wilde Eindrücke sorgen nicht nur die vielen Wasserfälle, sondern auch eine Hängebrücke, ein unbeleuchteter, enger Felsentunnel sowie die Mauerreste der Burgruine Neubuchberg.

138

→ GPS Parkplatz
48°48'41.68"N 13°30'0.48"E

→ Tipp
Auf dem 8 km langen Erlebniswanderweg „Mensch und Natur in der Buchberger Leite" erklären Informationstafeln kindgerecht den Besuchern die geologischen und historischen Besonderheiten.

139 | Bayerischer Wald Saußbachklamm

Manche Plätze dieser Welt bestechen schon durch die vortreffliche Wahl eines sprechenden Namens. Die Saußbachklamm gehört in diese Kategorie. Die Erlau tost in diesem Abschnitt flott über abgeschliffene Granitblöcke durch ein verzaubertes Waldtal, das schon 1939 zum Naturschutzgebiet ernannt wurde. Alte Erlen, Bergahornbäume, Fichten, Tannen und Buchen bilden hier einen Schluchtwald aus, dessen Besuch besonders im Sommer wohltuend ist. Aber auch zu anderen Jahreszeiten ist ein Waldspaziergang hier eine Freude, zum Beispiel wenn das frische Grün des Laubes den Wald erfüllt oder wenn sich im Herbst die bunten Ahornblätter auf die moosbewachsenen Felsen legen. Im Winter bilden sich an den Rändern kleine Eiszapfen, während das Wasser in weißen Zungen durch die Engstellen strudelt. Wasseramseln und Eisvögel nennen das Gebiet ihr Heim. Wer den Besuch über die Schlucht hinaus ausdehnt, findet sich in riesigen von Fichten dominierten Waldungen wieder.

139

139

⟶ GPS Parkplatz
48°42'51.48"N 13°36'45.57"E

⟶ Tipps
Die Haller Alm ist eine ausgezeichnete Brotzeitstation mitten in der Klamm.

⟶ Engagierte Wanderer verbinden einen Besuch der Klamm mit einer Schleife zum 6 km entfernten Aussichtsturm Oberfrauenwald, der einen grandiosen Überblick über die Landschaft des Bayerischen Waldes bietet.

140 | Bayerischer Wald Dreisesselberg

Der Dreisesselberg liegt etwa 35 km nordöstlich von Passau im Dreiländereck zwischen Deutschland, Tschechien und Österreich. Eine Sage erzählt, dass hier die Könige von Bayern, Böhmen und Österreich auf dem Gipfel des Berges über die Grenzziehung ihrer Reiche disputierten. Ungeachtet des Wahrheitsgehaltes dieser Erzählung kann der Besucher vom Gipfel des Dreisessels den Blick über die Wälder der drei Länder schweifen lassen und dabei Eindrücke aus dem Šumava-Nationalpark, dem österreichischen Mühlviertel und der bayerischen Weiler direkt unterhalb des Berges bekommen. Das ist erst möglich, seit im Winter 2007 der Sturm Kyrill und die darauffolgende Borkenkäferkalamität den Wald hier oben großflächig absterben ließen. Mittlerweile ist wie am Lusen eine neue Generation zwischen den toten Stämmen erwachsen, da sich im Naturschutzgebiet Hochwald, das sich um den Gipfel des Bergzuges erstreckt, der Wald frei entwickeln darf, um zum Schutz einer Auerhuhnpopulation beizutragen. Mehrere dramatische Felsburgen aus grauem Granitgestein zieren das Gipfelplateau des Dreisessels. Der rundliche Körper der Steine wurde früher gern mit gestapelten Wollsäcken verglichen. So übertrug sich dieser Name auch auf die sogenannte „Wollsackverwitterung", die vor Urzeiten bereits unterirdisch durch chemische und mechanische Prozesse ablief. Während die Nadelwälder der Hochlagen des Berges einen Hauch von Tundra verströmen, lassen sich in den tieferen Hanglagen auch größere Bergmischwaldflächen aus Buchen, Berg- und Spitzahorn sowie Tanne und Fichte erkunden.

⟶ GPS Parkplatz
48°46'49.82"N 13°47'58.93"E

⟶ Tipps
In der zünftigen Gipfelwirtschaft Dreisesselhaus kann man gut einkehren. www.dreisessel.com

140

→ Die einfache Zufahrt über die Bergstraße nahe dem Gipfel prädestiniert den Dreisesselberg für schneesichere Schneeschuhwanderungen variierender Länge auf dem Kamm des Dreisessels und den anschließenden Bergrücken (ca. 4–10 km).

141 | Kelheim Donaudurchbruch

Angrenzend an die Stadt Kelheim breitet sich ein großes Waldgebiet im Westen der Stadt aus, das von der Donau durchflossen wird, die auf ihrem Weg durch eine enge Schlucht an bis zu 70 m senkrecht aufragenden Felsen vorbeiströmt. Während die Urdonau noch durch das heutige Altmühltal floss, schuf der sogenannte Ingolstädter Albsaumfluss die heute Weltenburger Enge genannte Schlucht durch stetige Auswaschung der massigen Riff- und Plattformkalke, die vor 150 Millionen Jahren als Sedimente in einem subtropischen Meer ihren Anfang fanden. Breits König Ludwig I. von Bayern stellte die Weltenburger Enge 1840 unter Schutz. Im Jahr 1995 wurde das Gebiet um das Naturschutzgebiet Hirschberg und Altmühlleiten auf 900 ha vergrößert. Das alles hat seinen Grund. Hier wird eine außergewöhnlich artenreiche Landschaft geschützt, die Wald-, Fels- und Wasserlebensräume aufweist. Der Wald an den Steilhängen ist besonders im Herbst eine Pracht. Im Indian Summer leuchten die Kronen von Linden, Ahornarten, Eichen und Eschen um die Wette. In den schattigen und feuchten Schluchten der Weltenburger Enge duften im Spätfrühling die weißen Blütenstände der Mondviolen, eine Charakterart des Eschen-Ahorn-Schluchtwaldes. Auf den weiter vom Wasser entfernten Waldflächen, wie jene um den 650 m hohen Hirschberg, wachsen dagegen edellaubholzreiche Buchenwälder. Auf den Felskuppen existieren punktuell Kalkmagerrasen, auf denen trockenheitstolerante Blumen wie die Echte Kugelblume wachsen, umgeben von Wildrosen, Eiben und Mehlbeeren. Zahlreiche Nischen im Totholz des Waldes oder in den Felsen laden seltene Arten wie Wanderfalken, Uhu und Wasserfledermaus zum Bleiben und Brüten ein. Neben den Wald- sind auch die

141

Wasserwelten der Donau sehenswert, die Arten wie Gänsesägern, Eisvögeln, Kormoranen und sogar Bibern Lebensraum bieten. Im Wald des Donaudurchbruchs wurden zudem mannigfaltige Spuren der menschlichen Siedlungsgeschichte entdeckt. Dazu gehören Steinzeithöhlen, vorgeschichtliche Grabhügel, Befestigungen einer keltischen Stadt, bis hin zu einem römischen Castel. Darüber hinaus prangt das Kloster Weltenburg fotogen mitten in der Flussschleife.

141

→ GPS Parkplatz
48°54'40.49"N 11°47'59.62"E

→ Tipps
Die wohl spektakulärste Ansicht der Schlucht bekommt man bei einer Schiffstour. www.schifffahrt-kelheim.de

→ Wanderer könnten die gut 8 km lange Weltenburger Waldrunde von Kelheim aus in Angriff nehmen.

→ Wer einkehren möchte, ist im urgemütlichen Biergarten des Klosters Weltenburg gut unter Schatten spendenden Kastanienbäumen aufgehoben. www.kloster-weltenburg.de

KAPITEL SIEBEN

Wälder der Alpen und des Alpenvorlandes

Mit ihren Seen, Bergzacken, Wasserfällen, Burgen und Schlössern gehören unsere Alpenwälder zu den spektakulärsten Wäldern des Landes.

Nur wenigen ist bewusst, dass auch etwa die Hälfte der Bayerischen Alpen von Wald bedeckt ist, was immerhin einer Fläche von 260 000 ha entspricht. Bei wohl keinem anderen Wald im Land haben die Menschen durch schwere Fehler so hart lernen müssen, wie wichtig seine Schutzfunktion ist. Aufgrund der Gier nach immer mehr Holz, neuen Siedlungsflächen und Weiden kam es wie überall auch hier zu großflächigen Rodungen. Katastrophale Ereignisse wie Lawinen, Hochwasserereignisse, Erdrutsche oder Steinschläge waren die Folge und wirken sich in engen Alpentälern besonders stark aus. Heutzutage sind deswegen gut 60 Prozent des Gebirgswaldes nach dem Bayerischen Waldgesetz als Schutzwald ausgewiesen, denn die Täler wären heute ohne einen funktionsfähigen Schutzwald nicht mehr bewohnbar. Schutzwälder werden nur sehr vorsichtig bewirtschaftet und haben daher oft einen recht natürlichen Charakter. Seine Schutzfunktion kann der Wald nur optimal erfüllen, wenn er dauerhaft gesund ist und aus verschiedenen Arten unterschiedlichen Alters aufgebaut wird. Solche Strukturen fördern gleichzeitig auch die Vielfalt von Lebensgemeinschaften. Das hilft dem Steinadler ebenso wie den Gamsböcken oder dem Rotwild. Das Schutzthema einmal außen vorgelassen, finden wir in den deutschen Alpen Wildflusslandschaften wie an der Isar, mit ausgedehnten Auwäldern, die mit jeder neuen Hochwasserflut ihr Aussehen verändern, versteckte Urwaldrelikte im Mangfallgebirge, die uns eine Ahnung davon geben, wie der Wald hier ohne menschlichen Einfluss aussehen würde. Kulturell stark beeinflusste Bergwälder wie im Allgäu, die sich mit Almstrukturen abwechseln, sind für menschliches Empfinden besonders attraktiv. Im Voralpenland warten dann mystische Moorwälder am Chiemsee und im Murnauer Moos und Perlen wie der Parterzeller Eibenwald mit seinen verdrehten Urvaterbäumen auf ihre Entdeckung. Rund um die Osterseen haben sich wunderbare Orchideen-Buchen erhalten. An der Baumgrenze in den Höhenlagen der Gebirge trifft der Besucher auf bizarre Baumgestalten und speziell an Schneelagen angepasste Baumarten wie die Lärche und die Zirbe. Das zeigt sich besonders im Nationalpark Berchtesgaden, wo der Wald wie nirgendwo sonst in den deutschen Alpen ohne menschliches Zutun wachsen kann.

Alpen

142 – 162

142 Allgäu Rohrachschlucht
143 Allgäu Aachrain
144 Allgäu Iller-Durchbruchstal
145 Allgäu Großer Wald Sonthofen
146 Allgäu Gaisalpsee
147 Allgäu Hintersteiner Tal
148 Allgäu Eisenberg
149 Allgäu Alatsee
150 Allgäu Königsschlösser
151 Parterzeller Eibenwald
152 Osterseen
153 Murnauer Moos
154 Zugspitzregion Eibsee
155 Zugspitzregion Friedergrieß
156 Karwendel Isartal
157 Karwendel Drei-Seen-Wald
158 Karwendel Walchensee
159 Mangfallgebirge
160 Chiemgau Kendlmühlfilzen
161 Berchtesgaden Zauberwald
162 Nationalpark Berchtesgaden

Kassel
Leipzig
Erfurt
Dresden
Main
Würzburg
Nürnberg
Regensburg
ttgart
Ingolstadt
Augsburg
München
Lindau
142
143
144
145
146
147
148
149
150
151
152
153
154
155
156
157
158
159
160
161
162

142

142 | Allgäu Rohrachschlucht

Vom Bodensee aus sind es nur etwa 10 km Luftlinie bis zum Bergort Scheidegg. Die Scheidegger Wälder liegen im hügeligen Teil des Ostallgäus, wo sich offene Weiden mit grünen Wäldern mischen. Die an der Grenze zu Österreich liegende Rohrachschlucht ist reich an wilden Naturjuwelen. Hier tost der Rickenbach durch eine Schlucht, im Allgäu auch Tobel genannt, die reich an Edellaubhölzern ist. Hier wachsen Tannen, Buchen und Fichten zusammen mit Bergahorn, Linde, Bergulme, Esche und Erle in einem feuchten Waldklima, in dem sich auch einige große Individuen der Eibe wohlfühlen. Das 2018 ausgewiesene Naturwaldreservat ist Teil des 177 ha großen Naturschutzgebietes Rohrachschlucht und wurde wegen seines steilen Geländes nur sehr spartanisch bewirtschaftet. So hat sich über die Zeit ein nennenswerter Anteil an Totholz durch natürliches Absterben von Bäumen entwickelt. Schon bei Ausweisung des Reservates wurden zahlreiche xylobionte Käferarten gefunden. Das sind hochspezialisierte Käfer, die Moderholz für ihre Entwicklung benötigen und nur dort als Rindenfresser, Baumsaftlecker oder Räuber überleben können. Da Totholz in Wirtschaftswäldern sehr selten ist, gehören sie zu den traurigen Spitzenreitern auf den Artenschutzlisten. Der Besucher kann den oberen Teil des Waldes rund um die spektakulären Kaskaden des Großen Scheidegger Wasserfalls, der sein Wasser in Töpfe aus Nagelfluhgestein spuckt, auf einem Rundweg genießen. Ähnlich schön, aber etwas weniger bekannt ist die Schlucht des Reidbachs, der nur ein paar Kilometer weiter östlich seinen Weg durch das Gestein schneidet und einen ähnlich schönen Schluchtwald sowie den Hasenreuter Wasserfall vorweisen kann.

→ GPS Parkplatz kostenpflichtig
47°35'30.58"N 9°50'28.18"E

→ Tipps
Der Baumkronenpfad Skywalk Allgäu gleich südlich von Scheidegg bietet neue Perspektiven und spielerische Walderziehung in einem.
www.skywalk-allgaeu.de

→ Auf der knapp 10 km langen Runde vom Waldsee Lindenberg zu den Scheidegger Wasserfällen kann man die Naturjuwelen von Scheidegg erwandern.

142

143

143 | Allgäu Aachrain

Als eines der ersten bayerischen Naturwaldreservate wurde 1978 östlich von Steibis im Allgäu das Naturwaldreservat Aachrain im Tal der Weißach auf 110 ha ausgewiesen und jede Bewirtschaftung eingestellt. Die kleinflächigen Standortverhältnisse an den schroffen Hängen des Bergbaches mit immer wiederkehrenden Hangrutschungen haben zahlreiche kleine Nischenlebensräume entstehen lassen. Auf den der Sonne ausgesetzten flachgründigen Steilflächen wachsen Felsenbirnengebüsche. Sonne liebende Sandbienen bauen hier ihre Nester. Ist es dagegen steil, aber nicht so sonnig, dann dominieren Ahornarten und Eschen die Baumschicht. Im Talgrund dagegen, wo Wasser und Luftfeuchtigkeit im Überfluss vorkommen, wächst ein Auwald mit Erlen, Eschen und Fichten. Auf den weniger extremen und gut mit Wasser versorgten Flächen im Naturwaldreservat hat sich ein typischer Bergmischwald mit alten Tannen, Fichten- und Buchenveteranen ausgebreitet, deren Stämme mitunter beeindruckende Dimensionen erreichen. Ein weiteres bemerkenswertes Element ist das reichliche Vorkommen von Eiben. Am Waldboden findet man Maiglöckchen und Riesenschachtelhalm oder seltene Juwelen wie zum Beispiel die Davallsche Segge. Im Bereich der härteren Gesteinsschichten haben sich abenteuerliche Wasserfälle und Strudeltöpfe gebildet. Der Star der Wasserspiele ist der Buchenegger Wasserfall, der in zwei spektakulären Kaskaden in grüne Töpfe stürzt, in denen das Wasser brodelt. Hier kann man die Dynamik und Schöpfungskraft der Natur am eigenen Leib erfahren.

143

→ **GPS Parkplatz kostenpflichtig**
47°31'38.40"N 10°1'36.88"E

→ **Tipps**
Kälteunempfindliche können erwägen, Badeanzug oder -hose einzupacken und kurz in das grüne Wasser des Pools zu springen.

→ Der Wasserfall kann auf einem gut ausgeschilderten Wanderweg, der auch durch das Naturwaldreservat führt, erreicht werden, ca 7 km.

144 | Allgäu Iller-Durchbruchstal

An den Ufern der wenig bekannten Iller, die sich von ihrer Quelle in den Voralpen bis zu ihrer Mündung in die Donau bei Ulm durch einige Waldgebiete schlängelt, finden Besucher besonders vielfältige Waldbilder, wie auf dem Flussabschnitt nördlich von Kempten zwischen den Ortschaften Reicholzried und Lautrach.

144

Als Iller-Durchbruchstal bezeichnet, ist das flussbegleitende 977 ha große Areal als „Natura 2000 Fauna-Flora-Habitat"- Gebiet ausgewiesen. Streckenweise erscheint die Landschaft hier canyonartig, weil sich die Iller ihren Weg durch Nagelfluhfelsen gegraben hat, die als weiße Wände über den Wasserlauf ragen. Gleich zwei Naturwaldreservate gehören zum Gebiet. Das Naturwaldreservat Rotensteiner Rain glänzt mit einem bemerkenswerten Orchideen-Kalk-Buchenwald und das Naturwaldreservat Ehrensberger Rain mit einem Mischwald aus Buchen, Ahorn, Eschen und Fichten. In den engen Seitentälern der Iller lassen sich feuchte Schluchtwälder mit Edellaubhölzern wie Bergulme, Esche, Bergahorn und Linden aufstöbern. Am Talgrund breiten sich dagegen auf den Schotterbänken Silberweiden, reiche Auwälder und in Stauwasserlagen auch Erlenbruchwälder mit Rot- und Grauerlen aus. Die rinnenförmigen Nebenbäche mit ihren Kalktuffquellen formen großflächige Tufffächer, die von dicken Moospolstern besiedelt werden. Hier leben Kammmolche und Gelbbauchunken. Wache Augen entdecken auch die Blüten des Frauenschuhs. In der Iller selbst kann man sogar Biber beobachten.

⟶ GPS Parkplatz
47°49'20.91"N 10°11'59.35"E

⟶ Tipps
Am Durchbruchtal bei Kalden finden Besucher auch den Burgstall der Ruine Kalden und eine abenteuerliche Hängebrücke, die den Fluss überquert.

⟶ Wanderer können zum Beispiel viele Facetten des Iller Auwaldes auf einer ca. 8 km langen Runde zwischen Kalden und Unterau kennenlernen.

145 | Allgäu Großer Wald von Sonthofen

Wer sich vom Norden her durch das Allgäu bewegt, sieht mit dem Grünten den ersten richtigen Berg aus der Landschaft am Horizont auftauchen. Zwischen dem hoch über Sonthofen liegenden Gipfel und dem Mehrfachgipfel Wertacher Hörnle breitet sich ein vielgestaltiger Bergwald aus, der auch als Großer Wald bezeichnet wird. Die schönsten Waldbilder findet man hier wohl im

145

weiten Talgrund der Starzlach, wo die Hänge nicht so steil sind. Hier wechselt Bergmischwald aus Fichte, Tanne und Buche sich mit edellaubholzreichen Fichten-Buchenwäldern ab und bietet Lebensraum für den seltenen Schwarzstorch. In der feuchten, engen Starzlachklamm dagegen wächst ein Schluchtwald mit Anteilen von Bergahorn, Bergulme, Linde und Fichten. In den Gipfelbereichen dominieren ganz klar die Fichten. Am Wertacher Hörnle sieht man stellenweise keine andere Baumart. Trotzdem haben die Fichten dort oben allein schon wegen ihrer schlangenartigen und mehrstämmigen Formen ihre eigene Faszination. Im Frühsommer blühen hier die Alpenrosen. Den schönsten Ausblick bietet sicher der Gipfel des Grünten, man kann weit hinein in die Alpen, aber auch weit hinaus in die Voralpen-Ebene schauen. Felsiges Highlight ist der Giggelstein, der wie ein Riff aus dem Bergwald hervorragt und auf dem vom Wind und Wetter gepeinigte Baumindividuen ein karges Dasein an spektakulärer Stelle fristen.

⟶ GPS Parkplatz kostenpflichtig
47°31'51.41"N 10°18'2.41"E

⟶ Tipps
Eine Freude für die Kleinen ist der Waldspielplatz „Großer Wald" bei Wertach.

⟶ Liebhaber der zünftigen bayerischen Küche kehren im Berggasthof Grüntenhaus ein. www.gruentenhaus.de

⟶ Wanderer finden im Gebiet vor allem familiengeeignete Gipfel wie den Grünten oder das Wertacher Hörnle als Ziel mit grandioser Fernsicht

146 | Allgäu Gaisalpsee

Gleich neben Oberstdorf befindet sich unterhalb des Gipfels des Rubihorns der wilde Gaisalpsee, den zu erreichen man einen verträumten Bergwald durchschreiten muss. Exemplarisch für viele steile Täler im Allgäu muss der Besucher, um zum See zu gelangen, durch einen abschüssigen, feuchten Schluchtwald aufsteigen, der einem tief

145

146

eingeschnittenen Bachverlauf entlang von Wasserfallstufen folgt. Hier kann man mit etwas Glück Alpen- und Feuersalamander beobachten. Der Wald verändert sich mit den Höhenmetern, und zwar in der Zusammensetzung der Bäume und in ihrer Form, welche immer gedrungener wird. Anfangs begleiten den Fichtenwald noch reichlich Bergahornbäume und Buchen. Weiter oben verschwinden diese langsam aus dem Waldbild. Dafür gesellen sich jetzt besonders in lichten Waldbereichen mehr Pionierbäume wie Ebereschen (Vogelbeeren) und Birken dazu. Am See angekommen, trifft man neben sich ausbreitenden

146

Latschenkieferndickichten auch auf Fichten, die auf dem beweideten Almstreifen wie Einzelbäume wachsen, mit dichten mehrstämmigen Kronen. Die raue, wilde Szenerie am See, in dem sich die mächtigen Felswände des Rubihorns spiegeln, und der grandiose Wasserfall, der für eine beindruckende Geräuschkulisse sorgt, suchen deutschlandweit ihresgleichen.

⟶ GPS Parkplatz kostenpflichtig
47°26'29.89"N 10°17'45.11"E

⟶ Tipps
Trittfeste und schwindelfreie Wanderer können den Aufstieg bis zum Gipfel des Rubihorns und zum Nebelhorn fortsetzen, um dann eventuell mit der Nebelhornbahn talwärts zu fahren. www.ok-bergbahnen.com/bergbahnen/nebelhornbahn

⟶ Im Sommer erreicht das Gewässer manchmal 18 Grad, also die Badesachen nicht vergessen.

147 | Allgäu Hintersteiner Tal

Rund um Oberstdorf erheben sich die Allgäuer Hochalpen mit zahlreichen Bergzacken, deren Felsgipfel über die 2000-Meter-Marke reichen. 21 000 ha der ursprünglichen Bergwildnis stehen im gleichnamigen Naturschutzgebiet seit 1992 unter Schutz. Größer als so mancher Nationalpark des Landes kann man hier Wasserfälle, Karseen, Schluchten, Moore und natürlich facettenreiche naturnahe Bergwälder entdecken. Ein Beispiel dafür ist das Hintersteiner Tal östlich von Oberstdorf, das durch die Kraft des Wassers der Ostrach geformt wurde. In den unteren Höhenbereichen des Tales stockt ein Bergmischwald aus stattlichen Fichten, Buchen und Tannen. Der reichliche Gesteinsschutt an den steilen Flanken der Berge sorgt stellenweise dafür, dass die Baumartenzusammensetzung sich zugunsten von Bergahorn, Linde, Bergulme und

147

Eberesche ändert. Das Kiesbett der Ostrach wird von einem auwaldartigen Saum begleitet, in dem Erlen, Eschen und Weiden, und wo es nicht zu nass ist, auch Fichten den Ton angeben. Andernorts stürzt sich das Wasser durch die spektakuläre Wildflussklamm Eisenbreche, deren Weg durch das Gestein auch von knorrigen Baumgestalten gesäumt wird. Weiter oben tritt der Wald langsam zurück und macht Platz für alpine Hochflächen, auf denen nur noch vereinzelte Fichten und Latschenkieferngebüsche letzte Vorposten des Waldes bilden. Das Prunkstück Schrecksee befindet sich ganz in der Nähe an der Baumgrenze, umgeben von Latschengebüsch und frischen Almwiesen. Im Hintersteiner Tal trifft der Besucher auf Gämsen, Steinböcke und Murmeltiere. In der Luft kann der „König der Lüfte", der Steinadler, gesichtet werden und seit kurzer Zeit sogar die Silhouette von Gänsegeiern.

147

⟶ GPS Parkplatz kostenpflichtig
47°28'27.34"N 10°24'59.36"E

⟶ Tipps
Der Giebelhausbus fährt vom Ortsende von Hinterstein in das autofreie Tal und vereinfacht den Zugang für weniger mobile Menschen. www.allgaeu.de/a-giebelhausbus-hintersteiner-tal

⟶ Wanderer finden Hunderte Kilometer Wanderwege in den Allgäuer Hochalpen. Eine der schönsten ist vielleicht die 15 km lange Wanderung von Hinterstein bis zum Schrecksee.

148 | Allgäu Eisenberg

Das kleine Waldgebiet 7 km südlich von Füssen oberhalb der Ortschaft Eisenberg ist ein ganz großes, wenn es darum geht, Burgen inmitten malerischer Landschaft zu entdecken. Die Ruinen gleich zweier mittelalterlicher Wehrbauten verstecken sich hier auf einem bewaldeten Doppelgipfel. Eine davon ist die Gipfelfestung Hohenfreyberg, die im 15. Jahrhundert erbaut wurde. Keine Viertelstunde Fußweg bringt den Besucher auf den Nachbarhügel, der von der Eisenburg eingenommen wird, die schon Anfang des 13. Jahrhunderts entstand. Ungewöhnlich ist ihre Ringmauer, welche die

148

gesamte Burg umschließt. Ungewöhnlich ist auch der Ausblick, den beide Burgen durch ihre Lage in über 1000 m Höhe über die hügelige Vorgebirgslandschaft bis hin zu den Bergen der Alpen bietet. Auch der Wald rundherum ist ansprechend, denn wie es bei Burgen häufig der Fall ist, sind auch diese zwei Festen von alten Bäumen umgeben. Hinzu kommt ein Mischwald, in dem mancherorts hohe Fichten stocken, aber auch Buchen, Ahorn und die Tanne ihren Platz haben. Der kleine Burgweiher unterhalb von Hohenfreyberg wird gesäumt von Weiden und Erlen und einem verlandenden Schilfgebiet, in dem Rohrkolben wachsen und damit Wasservögel anziehen.

148

→ GPS Parkplatz
47°36'45.63"N 10°36'29.02"E

→ Tipps
Lokale bayerische Küche wird in der Gaststätte Schlossbergalm aufgetragen. www.schlossbergalm.de

→ Das Museum des Ortes Eisenberg-Zell gibt einen Einblick in die Geschichte Hohenfreybergs und zeigt Fundstücke aus der Burg. www.eisenberg-allgaeu.de/burgenmuseum-eisenberg

→ Ein Panoramarundweg führt auf knapp 6 km durch den Wald zu den Ruinen.

149 | Allgäu Alatsee

Der 12 ha große, türkisgrüne Alatsee ist Bestandteil eines dicht bewaldeten Höhenzuges gleich südlich von Füssen an der Grenze zu Österreich. Er liegt in einem tiefen Trog, der ihn vom zivilisatorischen Geräuschpegel gut abschirmt. Das grüne Seeoval und seine Umgebung beeindrucken mit kristallklarem Wasser und einem dichten, alten Bergmischwald, in dem zahlreiche Weißtannen mit beeindruckenden Stammdurchmessern wachsen.
Die Tannen hier scheinen sogar ein besonders dunkles Nadelkleid zu tragen. Der tief wurzelnde Baum hat eine fast doppelt so lange Lebensspanne wie die mit ihm im Bergwald vergesellschafteten Rotbuchen und Fichten. Damit ist die Tanne ein Garant für Stabilität und wichtiger Faktor für einen gestuften Waldaufbau. Die Tanne ist leicht von der Fichte zu unterscheiden, indem man in die Nadeln greift. Pikst es, hat man den Ast einer Fichte in der Hand. Pikst es nicht, gehört das Grün zur Tanne. In den flachen Uferbereichen, wo es den Hauptbaumarten des Bergwaldes zu feucht um die Füße wird, wachsen Weiden, Erlen, Ahornbäume sowie Eschen. Eichelhäher, die aufmerksamen Wächter des Waldes, leben in allen Waldteilen und melden durch ihren Ruf das Herannahen von Menschen. Laut einer Sage locken am Alatsee Fabelwesen gedankenlose Wanderer in gefährliche Erdspalten. Und es wird auch erzählt, dass gegen Ende des Krieges NS-Raubgold im See versenkt wurde. Keine Sage ist dagegen eine leuchtend rosarote Schicht von Purpur-Schwefelbakterien in den größeren Wassertiefen des Sees. Bei besonderen Lichtverhältnissen scheint der Alatsee eine rötliche Färbung anzunehmen, weshalb er auch „blutender See" genannt wird.

→ **GPS Parkplatz kostenpflichtig**
47°33'47.79"N 10°38'24.27"E

→ **Tipps**
Ein kinderwagentauglicher Wanderweg folgt dem Seerund. Badestellen bereiten Wasserratten Freude.

→ Ein lohnenswerter Abstecher führt hinauf zur bewirtschafteten Salober-Alm mit ihren herzhaften Allgäuer Spezialitäten. www.saloberalm.de

150

150 | Allgäu Königsschlösser

Oberhalb der Königsschlösser Neuschwanstein und Hohenschwangau bei Füssen erstreckt sich das erstaunlich wilde Ammergebirge in Richtung Westen. In Deutschlands größtem landgebundenem Naturschutzgebiet mit knapp 30 000 ha beindrucken nicht nur Kalksteingipfel, grüne Almwiesen und tiefe Schluchten, sondern auch seine großen Wälder, von denen ein hoher Prozentsatz nicht mehr genutzt wird oder sich in naturnaher Bewirtschaftung befindet. Besonders schöne, an Laubwald reiche Flächen erstrecken sich an den südexponierten Berghängen entlang des Flusstales der Linder bei Schloss Linderhof, im Pöllattal sowie im Halblechtal. Alte Rotbuchen, turmhohe Bergahorne, Linden und Bergulmen wachsen hier zusammen mit Fichten und Tannen. Besonders auf den forstlich weiter bewirtschafteten Flächen des Reservates sind dagegen Fichten die dominierende Baumart. Im Naturschutzgebiet haben seltene Arten wie Birkhuhn, Steinadler, Sperlingskauz, Felsenschwalbe und Karmingimpel ein Auskommen, ebenso wie die Wasserfledermaus, die ihre Beute direkt aus dem Flug von der Oberfläche fängt. In den eingestreuten Moorgebieten findet man sogar die auf der Roten Liste stehende Spirke, eine sehr selten gewordene Moorkiefernart. Dazu kommen zahlreiche weitere Superlative in Gestalt der Königsschlösser Neuschwanstein und Hohenschwangau. Und nicht zuletzt warten in der Nähe zahlreiche große Seen wie Forggensee, Alpsee und Bannwaldsee. Da sich das Gebiet hauptsächlich in Staatsbesitz befindet, wird hier die Ausweisung eines neuen Alpennationalparks geprüft.

150

→ **GPS Parkplatz kostenpflichtig**
47°34'5.67"N 10°45'23.77"E

→ **Tipps**
Nicht nur für Kinder dürfte das Walderlebniszentrum Ziegelwies mit seinem Baumkronenweg und zahlreichen kleinen Attraktionen sehr interessant sein. www.walderlebniszentrum.eu

150

→ Die Seen laden zum Baden ein, also Badesachen einpacken.

→ Die faszinierenden Hochlagenwälder kann man zum Beispiel auf dem 7 km langen Weg zum Schönleitenschrofen entdecken.

→ Wer es gemütlicher mag, nimmt die Tegelbergbahn www.tegelbergbahn.de

151

151

151 | Parterzeller Eibenwald

Einst konnte die Eibe durch ihre extreme Schattenverträglichkeit vielerorts im Unterwuchs des deutschen Laubwaldes gedeihen. Heutzutage findet man diese Baumart nur noch sehr selten und verstreut, meist als Einzelbaum im Wald. Eine der wenigen Ausnahmen ist der Parterzeller Eibenwald, der seit 1939 unter Naturschutz steht und nahe des Ammersees bei Wessobrunn gelegen ist. Wahre Methusalem-Bäume, die ein Lebensalter von bis zu 1000 Jahren erreicht haben sollen, stehen hier seit dem Mittelalter. Sie zählen somit zu den ältesten Bäumen Deutschlands und erreichen bis zu knapp einem Meter Durchmesser. Manche Individuen sind innen hohl, wirken mit ihrer tiefroten, in Streifen abblätternden Rinde aber immer noch vital. Den Kelten galt die Eibe als heiliger Baum. Ihre Zweige dienten zur Abwehr von Dämonen und bösem Zauber. Das hat die Eibe aber nicht davor bewahrt, von den Menschen bis an den Rand der Ausrottung gebracht zu werden. Grund dafür war ihr biegsames Holz, das wie kein zweites im europäischen Wald für die Fertigung von Kriegsbögen geeignet ist. Später war in den strengen Altersklassenforsten der modernen Forstwirtschaft kein Platz mehr für den sehr langsam wachsenden, unwirtschaftlichen Baum. Die Eiben stehen hier zwischen flüsternden Bächen unter mächtigen Fichten, Tannen und Buchen, welche zwar viel größer sind, aber nur ein Zehntel des Lebensalters der Eiben erreicht haben.

151

151

→ GPS Parkplatz
47°51'39.74"N 11°2'57.11"E

→ Tipp
Wer gut zu Fuß ist, der könnte den Besuch des kurzen Eibenwaldrundweges hervorragend mit einem Gang um den Zellsee verbinden und so den Spaziergang auf 8 km ausdehnen.

152 | Osterseen

Ein Hauch nordische Naturromantik erwartet den Besucher an den Osterseen gleich südlich des Starnberger Sees im Pfaffenwinkel. Die etwa 20 kleinen Gewässer entstanden beim Abschmelzen der Gletscher der letzten Eiszeit aus einer Eiszerfallslandschaft, bei der sich sogenannte Toteisseen bildeten. Seit 1981 ist das Gebiet als Naturschutzgebiet Osterseen ausgewiesen, zu dem auch 172 ha artenreicher Mischwald gehören. Zusammen mit einem Mosaik aus Hoch- und Niedermoorflächen bietet die Umgebung der nährstoffarmen Seen eine außerordentliche Vielfalt an Habitaten. Dazu gehören Moor- und Bruchwälder an den Ufern. Moorwald wächst auf feuchten Torfsubstraten und zeigt je nach Nässegrad Fichten-, Birken- oder Kiefernbaumgruppen, deren Baumzahl sich in Richtung Moor ausdünnt. Ein Anblick, der den Besucher leicht an die wilden Weiten Skandinaviens erinnert. Wo es hügeliger ist, wächst Waldmeister-Buchenwald zusammen mit Tannen. An trockeneren Stellen stockt Orchideen-Kalk-Buchenwald. In der Bodenvegetation stößt man daher auf kalkliebende Orchideenarten wie Frauenschuh und Purpurroter Stendelwurz. Regelmäßig überflutete Erlen, Eschen und Weiden prägen die Weichholzau- und Bruchwälder, in denen man im Frühjahr Teppiche aus den sattgelben Blüten der Sumpfdotterblume bewundern kann. Die vielfältigen ökologische Nischen sorgen für eine reiche Tierwelt, zu der Vogelarten wie zum Beispiel Haubentaucher, Drosselrohrsänger, Rohrweihe, Haubenmeise und Gimpel, aber auch Amphibien und Reptilien wie Bergmolch, Zauneidechse und die

152

Kreuzotter gehören. Auch die im Frühsommer blühenden und vor Schmetterlingen wimmelnden Trockenrasen an den Waldrändern sowie die türkisen Wasserfarben locken Besucher an.

⟶ GPS Parkplatz kostenpflichtig
47°47'37.51"N 11°18'53.92"E

⟶ Tipps
Wer im Winter kommt, kann die zahlreichen Quelltrichter, wie z. B. die Blaue Gumpe gleich südlich des Großen Ostersees, wie einen Geysir dampfen sehen, da sie eine stete Temperatur von 10 °C aufweisen.

⟶ Auf dem Ostseerundweg kann man auf knapp 10 km die Gewässerlandschaft und ihre Wälder entdecken. Badestellen locken im Sommer Ausflügler an die Seen.

153 | Murnauer Moos

Das mehr als 4000 ha große Murnauer Moos gleich südlich von Murnau am Staffelsee gehört zu den größten Alpenrandmooren Mitteleuropas und wurde 1980 als Naturschutzgebiet ausgewiesen. Hier zeigt sich eine ebene Landschaft mitten zwischen mächtigen Bergsilhouetten mit bis zu 25 m mächtigen Hoch- und Niedermoorflächen, kalkreichen Sümpfen und Altwassern, Feucht- und Streuwiesen sowie besonderen Waldgesellschaften. Dazu gehören in den weiten Heidekrautflächen wachsende lichte Birken- und Kiefernbestände, aber auch Erlenbruch und Fichtensumpfwälder. Eine Besonderheit bilden die sogenannten Köchel. Das sind Hügel aus kalkreichem Sandstein, die wie Inseln aus der Moorlandschaft herausragen und von artenreichem Mischwald besiedelt sind. Der forstlichen Nutzung entzogen, gedeihen hier Buche, Esche, Berg- und Spitzahorn, Eiche, Bergulme, Winterlinde, Vogelbeere, Vogelkirsche und Grauerle auf steilen Hängen. Am Boden wachsen stellenweise Pflanzen wie Bärlauch, Hohler Lerchensporn oder das gefährdete stattliche Knabenkraut. Insgesamt beherbergt das Naturschutzgebiet mehr als 1800 Tier- und 1000 Pflanzenarten. Dazu zählen Schmetterlinge wie der

153

153

Heilziest-Dickkopffalter und stark bedrohte Vogelarten wie Braunkehlchen und Wachtelkönig. Auch die Malergruppe „Der Blaue Reiter" mit Malern wie Wassily Kandinsky und Franz Marc ließ sich von der wilden Moorlandschaft inspirieren und bannte ihre impressionistischen Ideen Anfang des 20. Jahrhunderts auf Leinwand.

→ GPS Parkplatz
47°39'8.39"N 11°12'30.34"E

→ Tipps
Der aufgelassene Steinbruchsee des Hartsteinwerks, in dem Glaukoquarzit abgebaut wurde, lädt im Sommer am Langen Köchel zu Badefreuden ein.

→ Auf gut 12 km Länge folgt man der Beschilderung des Murnauer-Moos-Rundweges im Nordteil des Gebiets.

154 | Zugspitzregion Eibsee

Die eigentlichen Stars der Region rund um Garmisch-Partenkirchen sind die Zugspitze und der grandiose Eibsee, der wegen seiner Wasserfarben auch gern als Bayerische Karibik betitelt wird. Kein Wunder, dass sich die Besucher hier an den Wochenenden drängen. In dem Trubel um die Hauptattraktionen geht die Bedeutung des Bergwaldes, der sich rund um den Eibsee ausbreitet, ein wenig verloren, obwohl er als artenreicher Bergmischwald mit den schönsten Bergwäldern des Landes mithalten kann. Wer den Blick einmal vom See und den Bergen abwendet, entdeckt uralte Fichten und Tannen mit eindrucksvoll säulenartigem Wuchs, aber auch eingestreute Laubbäume wie den Bergahorn und die Rotbuche mit ihren ausladenden Kronen. Birken, Vogelbeeren und Kiefern mit gewundenen Stämmen wachsen gehäuft im Uferbereich des Eibsees. Im Unterholz haben sich wegen der stets feuchten Luft grüne Teppiche aus Moospolstern auf herabgefallenem Totholz und auf den Felsen ausgebreitet. Wer genau hinschaut, entdeckt mancherorts

154

eine Rannenverjüngung. Dabei keimen herabfallende Samen auf dem vermodernden Holz abgestorbener Bäume und wachsen dort weiter. Auch im höheren Alter kann man das den Bäumen noch ansehen, denn wenn die Totholzunterlage einmal weggefault ist, bleiben sogenannte Stelzwurzeln zurück. Spechte, die in

den Totholzstämmen ihre Insektennahrung suchen, sind im Eibseewald leicht zu beobachten. Der See selbst entstand vor gut 3500 Jahren durch einen Bergsturz und ist wegen des fehlenden Wasserabflusses an der Oberfläche ein sogenannter Blindsee, dessen Wasser stattdessen unterirdisch in Richtung Loisach versickert. Zahlreiche bewaldete Inseln und kleine abgeschnürte Nebenseen machen den Spaziergang besonders romantisch. Die Verbindung von Wald, Wasser und Bergen ist wohl in Deutschland einzigartig.

⟶ GPS Parkplatz kostenpflichtig
47°27'22.70"N 10°59'38.95"E

⟶ Tipps
Ein 7,5 km langer Rundweg lädt zu Erkundungen ein.

⟶ Mit der Zugspitzbahn bekommt man einen grandiosen Blick aus der Vogelperspektive. www.zugspitze.de

⟶ Die nahe Partnachklamm lockt mit einer wilden Schlucht. www.partnachklamm.de

155 | Zugspitzregion Friedergrieß

Das Friedergrieß bietet eine fantastische Bergwelt mit ungewöhnlichen Facetten. Das Bachtal versteckt sich ein paar Kilometer westlich von Garmisch-Partenkirchen in den Ammergauer Alpen nahe der österreichischen Grenze in einem bewaldeten Bergtal. Hier findet man eine der wenigen dynamischen Alpenflusslandschaften Deutschlands, die 1978 als Naturwaldreservat Friedergrieß mit einer Größe von knapp 80 ha unter Schutz gestellt wurde und nicht mehr bewirtschaftet wird. Das Tal wird durchflossen vom Bach Friederlaine, dessen Wasser sich in den umliegenden Bergen sammelt und bei starken Hochwasserereignissen große Gesteinsmengen mit ins Tal reißt. Diese zerstörerischen Kräfte wirken sich auch auf den flussbegleitenden Wald im Tal aus, der dann auf

154

155

größeren Flächen abstirbt, bis sich irgendwann eine neue Vegetation in Form von Weiden und Birken zu etablieren versucht. Besucher stoßen hier auf eine sehenswerte Geröllwüste mit abgestorbenen Baumleichen. Mittendrin stehen aber auch einige zähe Überlebende. Es sind Bergahornbäume, die besser mit

155

sich verändernden Untergründen zurechtkommen als andere Baumarten. Andernorts wetteifern Weiden, Tamarisken und Birken um die Neubesiedlung und zeigen die Dynamik des Lebens in der Bergwelt.

→ GPS Parkplatz
47°27'22.70"N 10°59'38.95"E

→ Tipp
Der Wanderweg ins Friedergrieß (8 km retour) ist stellenweise schwer zu finden. Eine Karte sollte daher im Gepäck sein, sei es digital oder in Papierform.

156 | Karwendel Isartal

Der Isarwinkel zwischen den Orten Krünn und dem Sylvenstein-Stausee 17 km südlich von Bad Tölz wird auch vielsagend als Klein Kanada bezeichnet. Die Isar kann sich hier mit ihrem Schotterbett über fast den gesamten Talgrund ausdehnen und zeigt die Dynamik einer echten Wildflusslandschaft. Der Flussabschnitt steht als Teil des Naturschutzgebietes „Karwendel und Karwendelvorgebirge" unter Schutz. Durch Hochwasserereignisse in ständiger Umlagerung begriffene Kiesbänke und Inseln zeigen hier einen sehr hohen Natürlichkeitsgrad und beherbergen Arten, die anderswo fast verschwunden sind. Die Schwemmflächen aus Schotter werden zuerst von Pionierpflanzen wie der Deutschen Tamariske und verschiedenen Weidenarten besiedelt. Wo die Substrate länger unangetastet bleiben, entwickelt sich ein Auwald mit Weiden, Erlen, Eschen, Ahorn und Fichten. So schafft der Wildfluss ökologische Nischen für bedrohte Arten, wie zum Beispiel Flussuferläufer, Flussregenpfeifer, Birkhuhn, Kiesbankgrashüpfer und die Gefleckte Schnarrschrecke. Über dem Talgrund ragen grüne Waldberge auf, die je nach Höhenlage mit einer wechselnden Mischung aus Buchen, Tannen, Fichten und Bergahornbäumen aufwarten. Hier kann man den Weißrückenspecht, den Sperlingskauz sowie den Uhu beobachten. In den höheren Tälern des Naturschutzgebietes warten die versteckten Seeaugen der Soiernseen, die von einem dunklen Fichten-Tannen-Bergwald umrahmt werden und schon König Ludwig zum Bleiben in einer Berghütte einluden. Insgesamt ist die Ähnlichkeit zu Bergwelten in Nordamerika ein trefflicher Vergleich.

156

156

→ **GPS Parkplatz „mautpflichtig“**
47°32'0.10"N 11°19'21.02"E

→ **Tipps**
Eine 12 km lange, kostenpflichtige Forststraße führt durch das Tal und gewährt an 10 Parkplätzen leichten Zugang für alle, die nicht so gut zu Fuß sind.

→ Im Winter führt die „Kanadaloipe“ über 14 km Länge von Wallgau nach Krünn.

→ Der Sylvensteinspeicher bietet schöne Bademöglichkeiten.

157 | Karwendel Drei-Seen-Wald

Auf gleich drei Seen treffen wir 5 km nördlich von Mittenwald. Sie sind eingebettet in ein Mosaik aus Wald und grünen Almwiesen. Rund um den Wagenbrüchsee, den Barmsee und den Grubsee entfaltet sich eine sanfte Hügellandschaft, die zu großen Anteilen von einem bemerkenswerten Bergmischwald aus Fichten, Tannen, Buchen und Bergahornbäumen bedeckt wird. Immer wieder einmal eingestreut sind Lichtungen, auf denen charaktervolle Einzelbäume mit dicken Stämmen herausstechen. Besonders am Barmsee gibt es Flächen mit Moorwäldern, auf denen neben Moorbirken und Grauerlen auch die seltene Spirke gedeiht. Im Herbst ist ein Besuch in der Gegend besonders entzückend, weil die Buchen und Ahornbäume dann ihr farbvolles Kleid tragen. Nicht minder attraktiv ist der März, wenn sich im Anschluss an die Schneeschmelze die Wiesen rund um den Wagenbrüchsee und den Barmsee in einen endlosen Blumenteppich aus Krokussen, Lichtnelken und Orchideen verwandeln.

→ **GPS Parkplatz kostenpflichtig**
47°29'40.10"N 11°15'11.62"E

157

→ **Tipps**
Eine Baumhaussuite wartet ganz in der Nähe mitten im Wald und gehört zum Hotel Kranzbach. www.daskranzbach.de

→ Im Sommer sollte man die Badesachen nicht vergessen, denn auf einer Drei-Seen-Wanderung gibt es einige Möglichkeiten, sich zu erfrischen.

→ Im Winter führt die Panoramaloipe auf 15 km durch ein wahres Wintermärchen.

157

158

158

158 | Karwendel Walchensee

Etwa 20 km südwestlich von Bad Tölz liegt der Walchensee auf 800 m Seehöhe und wird umringt von dicht bewaldeten Bergen, die bis zu 1800 m hoch sind. Damit ist 1000 Höhenmeter Raum für unterschiedliche Bergwälder. Bis etwa 1200 m Höhe ist besonders an den wärmeren Südseiten der Berghänge der Laub- und Edellaubholzanteil hoch. Buchen, Ahorn, Esche, Linde und Bergulme stocken auf den Hängen zwischen Desselkopf und Psengberg. Auch an den Flanken des südlichen Fischberges dominieren die Buchen und Laubwaldgenossen. Wer hier im Herbst an der Niedernacher Bucht spazieren geht, erlebt einen wahren Farbenrausch und blickt auf die mitten im See gelegene Insel Sassau, die seit 1978 als Naturwaldreservat ausgewiesen ist. Hier stockt ein Bergwald mit Edellaubbäumen und Eiben. Die Insel kann allerdings nur aus der Ferne bewundert werden, da sie nicht betreten werden darf. In den höheren Berglagen und auf den schattigeren Bergseiten dominieren dagegen Fichten, auch wenn man hier allerorten versucht, den Wald durch Einbringung von Lärchen, Tannen und Laubbaumarten wieder stabiler zu machen, damit er seine Schutzfunktion für Straßen und Dörfer besser leisten kann. In den Gipfelbereichen von Herzogstand, Heimgarten und Simetsberg kommt man in die Krummholzzone und kann mehrstämmige, kandelaberartige Fichtengestalten neben vielstämmigen Ebereschen entdecken, während auf manchem Gipfel dichte Latschenkiefernbestände wachsen. Auch der Walchensee selbst ist ein Erlebnis. Durch Kalkteilchen, die aus den umgeleiteten Flüssen Isar und Rissbach stammen, erstrahlt das Wasser bei Sonnenschein wahrlich in karibischen Farben.

158

→ GPS Parkplatz
47°37'10.69"N 11°20'57.77"E

→ Tipps
Mit der Herzogstandbahn kommt man ohne Mühe hinauf auf grandiose Aussichtsplätze. Im Gipfelhaus kann man auch vorzüglich einkehren und übernachten. www.herzogstandbahn.de

→ Am autofreien Ostufer des Walchensees warten die schönsten Badestellen.

→ Wanderhighlight ist der schmale

Grat zwischen Herzogstand und Heimgarten. Wer dem Besucheransturm in der Saison entkommen möchte, wandert stattdessen auf weiter entfernte Berge wie den Simetsberg.

159 | Mangfallgebirge

Rund um die Weißach und ihre Nebentäler, gute 10 km südwestlich vom Tegernsee entfernt, breiten sich nahe der österreichischen Grenze prächtige Bergmischwälder aus, die als Schutzwälder nur extensiv bewirtschaftet werden. Die Mischung aus Buchen, Fichten Tannen, Bergahorn und eingestreuten Lärchen kann man hier in verschiedenen Altersphasen beobachten. Dicke Buchen und Tannen überragen ihre eigene, an Individuen reiche Naturverjüngung. Fichten konkurrieren gleich nebenan mit Lärchen um das Licht im Wald. Einen exzellenten Eindruck vom Bergwald erhält man bei einer Wanderung über den direkten Anstieg hinauf zur Tegernseer Hütte. Dabei passiert man auch Almflächen, auf denen uralte Bergahorne und Rotbuchen als charaktervolle Solitärbäume stehen. Im Tal der Weissach und den Bächen der Nebentäler rauscht das Wasser der Bergbäche über Kalkgestein und bildet immer wieder schöne Wasserfälle und Gumpen, stellenweise begleitet von Erlen, Eschen und Bergahornbäumen. Sogar ein Urwaldreliktbestand versteckt sich in den hiesigen Tälern. Das extrem unzugängliche Naturwaldreservat Totengraben, das sich mit 46,7 ha Fläche am Nordhang des Plattenecks ausbreitet, scheint den historischen Kahlschlägen zur Befeuerung der örtlichen Saline und Glasverhüttung entkommen zu sein und zeigt einen urwaldartigen Hochwald, in dem das Totholz am Boden unter den vorherrschenden harten Klimabedingungen mehr als ein halbes Jahrhundert benötigt, um ganz zu vermodern.

159

→ GPS Parkplatz kostenpflichtig
47°36'56.96"N 11°40'35.05"E

→ Tipps
In der Tegernseer Hütte auf dem Doppelgipfel Roß – Buchstein kann man vorzüglich einkehren und übernachten, mit einem grandiosen Ausblick auf die benachbarten Waldtäler und die Hauptkette der Alpen.

159

→ Das Bergwalderlebnis kann leicht um eine Gipfelbesteigung bereichert werden. Zum Beispiel auf dem großen 14 km langen Rundweg vom Weißachtal hin zum Roßstein.

160 | Chiemgau Kendlmühlfilzen

Das Kendlmühlfilzen ist ein ausgedehntes Hochmoorgebiet zwischen dem Chiemsee und dem Ort Grassau. Nach einer langen Tradition des Torfabbaus, um Brennmaterial und Gartenerdbeimischungen zu gewinnen, den auch der Laie anhand belassener Bahnschwellen im Moor leicht erkennen kann, wurde die Fläche 1992 dem Naturschutz überantwortet, wieder vernässt und größtenteils sich selbst überlassen. Die ehemaligen Torfstiche bilden heute

160

Seen. Entstanden als Verlandungszone des einst deutlich größeren Ur-Chiemsees hat sich mittlerweile wieder ein Mosaik aus weitgehend baumfreien Hochmooren und von Grundwasser durchströmten Niedermoorflächen gebildet. In Letzteren breiten sich Moorwälder aus lichten Birken, Pappeln und Kiefernbeständen, aber auch Erlenbruchwaldgesellschaften aus. Ein formidables Naturschauspiel ist die Blüte der Heideflächen, die am Ende des Sommers große Teile des Filzes violett färben. Das Kendlmühlfilzen bietet Lebensraum für Pflanzen wie Sonnentau, Wollgras, Rauschbeere und Schnabelried. Über allem schwebt die fantastische Bergwelt des Chiemgaus mit seinen Bergsilhouetten.

→ GPS Parkplatz
47°47'13.12"N 12°26'24.46"E

→ Tipp
Der einfach zu gehende Moorerlebnisweg erklärt den Torfabbau und die Naturschönheiten im Gebiet und bietet einen Beobachtungsturm.

161 | Berchtesgaden Zauberwald

Der Zauberwald lockt schon aufgrund seines Namens neugierige Waldbesucher an. Er erstreckt sich westlich von Berchtesgaden zwischen dem Bergsteigerdorf Ramsau und dem Hintersee. Das Gewässer staute sich in der Bronzezeit vor etwa 3500 Jahren durch einen massiven Bergsturz auf, der sich aus dem Hochkaltermassiv löste und fast einen ganzen Quadratkilometer Gestein im Tal der Ramsauer Ache verschüttete. Heute durchfließt die Ache dieses Blockmeer, in dem sich ein natürlicher Fichtenwald angesiedelt hat. Er verdankt sein Vorkommen der Tatsache, dass in den Hohlräumen zwischen den Trümmern des Bergsturzes kalte Luft entlangströmt und ein kaltes Bodenklima schafft, wie es sonst nur weiter oben am Berg vorkommt. Mit diesem sogenannten Eiskellereffekt kommen Fichten gut zurecht und dominieren den Blockschuttwald, der nur sehr mühsam zu bewirtschaften war. Beobachter können

161

daher hautnah erleben, wie facettenreich ein naturbelassener Wald mit urwaldartigen Strukturen sein kann. Der mal sehr dichte und dann wieder offene Wald wartet aber auch mit Ahornbäumen auf, die ihre mehrstämmigen und dick mit Moos bewachsenen Äste in Richtung Licht strecken. In der Bodenschicht findet man Farnarten wie Rippenfarn und den Grünstieligen Streifenfarn. Zur Faszination des Zauberwaldes trägt auch die Kraft des Wassers bei, das die Kalksteinbrocken über die Jahrtausende rund geschliffen hat. Der Hintersee selbst ist eine Attraktion für sich und punktet nicht nur mit Spiegelungen des Hochkaltermassivs und charmanten Felsinseln mit markantem Baumbewuchs, sondern auch mit hochwaldartigen Waldbildern. Ein Besuch im Zauberwald wir jedermann mit Leichtigkeit verzaubern können.

⟶ GPS Parkplatz kostenpflichtig
47°36'15.98"N 12°51'30.86"E

⟶ Tipps
Eine bäuerliche Schweinshaxe in rustikal bayerischer Atmosphäre gefällig? www.auzinger.de

⟶ Die 4 km lange Wanderung vom Hintersee durch den Zauberwald in Richtung Ramsau und zurück ist leicht zu bewältigen.

161

162 | Nationalpark Berchtesgaden

Der 1978 gegründete Nationalpark Berchtesgaden liegt im äußersten südöstlichen Zipfel unseres Landes. Der wegen seiner landschaftlichen Schönheit und mächtigen Berge auch gern als „Yellowstone Deutschlands" bezeichnete Park ist unser einziger Alpennationalpark. Mehr als 2000 Höhenmeter liegen hier zwischen dem Seespiegel des Königsees und dem 2713 m hohen Watzmann. Bei derartigen Höhenunterschieden kann man sich leicht vorstellen, dass hier drastische Witterungsbedingungen und Hangneigungen vorkommen, die variabelste Standorte und somit auch Lebensgemeinschaften haben entstehen lassen. Das gilt natürlich auch für die Waldgesellschaften.

Am fjordartigen Königssee mit seinen schroffen Felswänden und dem glasklaren Wasser kann man auch ebenere Flächen finden, auf denen im unteren Höhenmeterbereich Buchenwälder im Übergang zu Bergmischwäldern mit Buche, Fichte und Tanne wachsen. Hier kann man turmhohe, vor Leben strotzende Baumriesen entdecken, aber auch gefallene Veteranen, deren abgestorbene Stämme noch ein Jahrzehnt in der Kronenschicht verweilen, ehe sie zu morsch werden und umfallen. Ganz anders sieht es im Nachbartal aus. Das Wimbachgries wird von einem enormen Schuttstrom aus brüchigem Dolomitgestein geprägt, das mit 320 m Felsauflage an der Oberfläche wie ein trockenes Flussbett erscheint, da hier einfach alles versickert.
Der Wald versucht immer wieder, dieses Areal zu besiedeln, was ihm mancherorts auch ganz gut gelingt. Fichten, Weiden, Ahorn, Vogelbeeren und Latschenkiefern haben Teile des Schuttstromes erobert, bis sie irgendwann von neuen Bewegungen des Gesteins verschoben werden und absterben. In besonders aktiven Bereichen findet der Besucher kleine Waldinseln oder Flächen mit abgestorbenen Stämmen. Die Bachtäler mit ihren Wasserfällen und Stromschnellen sind umgeben von feuchtem Schluchtwald mit Eschen und Ahornbäumen. In der Wimbachgriesklamm dagegen, einer extrem engen Felsenklamm, können sich nur noch vereinzelt Baumgestalten halten. Noch weiter oben, nahe der Waldgrenze, werden die Bergmischwälder durch krummholzige, offene Hochlagenbestände aus Lärchen und Zirben ersetzt. Beide Baumarten können sehr alt werden und weisen eine höhere Toleranz gegenüber niedrigen Temperaturen als die Baumarten des Bergmischwaldes auf. Auch Schneebruch und hohen Windgeschwindigkeiten widerstehen sie besser. Ein besonders gutes Beispiel für so einen Wald findet man auf der Reiteralpe, auf der es wegen der Plateaulage quasi keine größere forstliche Bewirtschaftung gegeben hat. Auf den unbewaldeten Flächen in der alpinen Zone gedeihen dann auch Arten wie zum Beispiel das Edelweiß, die Bewimperte Alpenrose oder der Stengellose Kalk-Enzian. Auf den Almwiesen leben Murmeltiere. Steinböcke klettern durch die Hänge von Hochkalter und Watzmann. Steinadler segeln auf der Suche nach Beute im Aufwind der Berge.

→ GPS Parkplatz kostenpflichtig
12°59'16.67"E 47°35'30.67"N

→ Tipps
Wer die Wälder des Königsees eingehender erkunden möchte, sollte gut zu Fuß sein. Dann wartet ein Netz aus gut 250 km Wanderwegen. Auch mit den Schiffen der Seerundfahrt bekommt man einen tollen Einblick. Dafür muss man nicht einmal laufen.
www.seenschifffahrt.de/de/koenigssee/fahrplan/fahrplan

→ Einkehren und übernachten in einer der rustikalen Berghütten ist ein besonders intensives Erlebnis.
www.dav-berchtesgaden.de

162

162

Glossar

ALTERSKLASSENWALD

Die Bäume im Altersklassenwald haben alle dasselbe Alter und werden mit denselben forstlichen Methoden immer auf der ganzen homogenen Fläche behandelt.

ALTWÄSSER

Durch Veränderung der Strömungen in einem Fluss kommt es zur Abtrennung alter Flussteile, die dann zu einem Stillgewässer werden.

AUWALD

Auwälder sind von periodischen Überschwemmungen geprägte Waldgesellschaften, die meist Flussufer begleitend vorkommen, oder an Seen mit starken Wasserstandschwankungen. Sie gelten als die artenreichsten Wälder.

BANNWALD

Geschichtlich betrachtet, war ein Bannwald ein Wald, in dem der adelige Besitzer die Nutzung für sich selbst beansprucht hat. Meist galt das bezüglich der Jagd. Im modernen Sinne ist ein Bannwald ein Wald, der sich selbst überlassen bleibt und zum Schutze der Natur nicht oder nur auf ausgewiesenen Wegen betreten werden. In der Regel unterliegen diese Bannwälder einem wissenschaftlichen Langzeitmonitoring. Je nach Region werden die Bannwälder auch als Naturwaldreservat oder Naturwaldzelle bezeichnet.

BAUMINDIVIDUEN

einzelne Bäume

BRUCHWALD

Ein Bruchwald ist ein dauerhaft mehr oder weniger feuchtes Waldgebiet, auf dem sich zeitweilig das Wasser auch länger staut. Hier stehen in der Regel Rot- und Grauerlen.

DICHTSCHLUSS

Der forstliche Wald soll möglichst ohne Loch im Kronendach aufwachsen, also „dicht schließen". Beschattete Äste im Stammbereich sterben dann schneller ab und sorgen im Optimalfall für einen wertvollen astfreien Stamm.

DURCHFORSTUNG

Im Wirtschaftswald wird in periodischen Abständen die Baumschicht ausgedünnt, also „durchforstet". Dabei wird immer eine Selektion vorgenommen, um die wirtschaftlich wichtigen Stämme mit guten Holzeigenschaften (astlos und gerade) zu fördern. So wächst das wertvollste Holz bis zum Ende an den besten Stämmen. Die Selektion kann auch in Richtung erwünschter/unerwünschter Baumarten ausgelegt werden. Durchforstungen werden im Leben eines Baumbestandes mehrfach ausgeführt. Durchforstungen in älteren Beständen bringen auch schon einen Holzertrag.

EICHENKRATTWALD

Eichenkrattwald ist die norddeutsche Bezeichnung für einen Niederwald, der aus Eichen gebildet wird und aufgrund von Wind und Wetter unregelmäßige Stammformen gebildet hat.

EICHENTROCKENWÄLDER

Eichentrockenwälder sind Wälder, die auf trockenen und sonnenexponierten Lagen wachsen. Ihre Baumschicht wird von der Eiche geprägt.

10

ESCHENTRIEBSTERBEN

Eschen werden durch den aus Asien eingeschleppten Pilz Hymenoscyphus pseudoalbidus infiziert und sterben ab. Mittlerweile ist die Krankheit europaweit verbreitet und hat große Auswirkungen auf Eschenbestände.

FORSTPARTIE

Förster

HAINSIMSEN-BUCHENWALD

eine Buchenwaldgesellschaft, die durch die Hainsimse in der Bodenflora näher bestimmt werden kann

HANGSCHUTT

Ist eine Bezeichnung für lockeres Sediment an Hängen, das aus verschiedensten Gesteinsarten und Felsgrößen bestehen kann. Es gibt Schuttdecken, die sich aufgrund von Erosion und Steilheit bewegen, „wandern", und welche, die fest liegen.

HANGSCHUTTWALD

ein Wald, der in Flächen wächst, die von Hangschutt übersät sind, was bestimmte Baumarten bevorzugt wie Ahon, Ulme oder Linde

HEIMLICHE ARTEN

Tiere, die zurückgezogen leben und schwer zu beobachten sind

69

HOLZTRIFT

Transport von Baumstämmen mittels der Wasser eines Bergbaches.

HUTEWALD

ein Wald, unter dessen Krone eine Form der Waldweide betrieben wird, in den also Ziegen, Schafe, Schweine oder Rinder eingetrieben werden

KARSEE

Ein Kar wird gern als lehnsesselartige oder auch schüsselartige Talform in den Bergen definiert, die durch glaziale Erosion entstanden ist. An seinem tiefsten Punkt liegt oft ein See, der dann als Karsee bezeichnet wird.

KEUPERSCHICHTEN

Boden mit hohem Anteil an bröckeligem Ton, auf dem sich leicht Wasser anstaut

MITTELWALD

Er unterscheidet sich vom Niederwald dadurch, dass nicht alle Bäume bis auf den Stumpf gefällt werden, sondern einige Bäume – meist Eichen – stehen bleiben, die dann zur Wert- und Bauholzproduktion genutzt werden können.

NIEDERWALD

Mittelalterliche Waldbewirtschaftungsform, bei der alle 15 bis 30 Jahre die Bäume bis auf einen Stumpf gefällt werden und bis zur nächsten Fällung aus den übrig gebliebenen Stümpfen neue Stämme treiben. Jedes Jahr behandelt man nur einen Teil des Bestandes in dieser Weise.

NACHHALTIGKEIT

Die Forstwissenschaft war einer der Vorreiter der Nachhaltigkeit und entwickelte das Konzept im ausgehenden 19. Jahrhundert. Dabei sollte im Wald immer nur so viel eingeschlagen und genutzt werden, dass der Wald stets als Wald erhalten bleibt und auch folgenden Generationen nutzt. Aus heutiger Sicht beinhaltet Nachhaltigkeit mehr. Ein natürliches System, wie zum Beispiel der Wald, muss so genutzt werden, dass alle Lebewesen und Pflanzen, die darin natürlich vorkommen, auf lange Sicht substanziell erhalten bleiben. Im Gegensatz zur historischen forstlichen Nachhaltigkeit geht es dabei nicht nur um die Bäume.

27

STOCKAUSSCHLAG

Einige Baumarten können direkt aus dem Stamm neue Triebe wachsen lassen. Diese Baumarten wie Hainbuche, Eiche und Esche waren daher für die Niederwaldwirtschaft geeignet.

STOCKEN

wachsen

OPTIMALPHASE

Ist die Phase, in der der Baumbestand den größten Zuwachs aufweist. Je nach Baumart bei etwa 100 bis 250 Altersjahren. Die Wuchshöhe erreicht ebenfalls ein Optimum.

PROZESSSCHUTZ

Der Wald wird sich selbst überlassen und kann sich in allen seinen natürlichen Prozessen entwickeln, ohne dass der Mensch eingreift.

SCHIRMSCHLAG

Schrittweises Öffnen eines Bestandes durch Entnahme eines Teils der zur Nutzung vorgesehenen Bäume in der Oberschicht. Gleichzeitig dient diese Öffnung der Verjüngung, da das neue Licht den keimenden Jungpflanzen ein Überleben ermöglicht.

SCHLUCHTWÄLDER

Wälder, die in feuchten Schluchtlagen vorkommen

SOLITÄRBÄUME

einzeln stehende Bäume im Feld

STAUCHENDMORÄNEN

Geologische Formationen, die in der Eiszeit am Rande von Gletscherfronten ausgeschobene Schuttwälle darstellen, auch Endmoränen genannt. Bei Stauchendmoränen überlagern sich dann mehrere Schuttwälle, die zu verschiedenen Zeiten entstanden sind.

73

TOTHOLZ

abgestorbenes Stammholz, das in stehender oder liegender Form im Wald vorkommt

TROCKENWÄLDER

Wälder, die an besonders trockenen Standorten wachsen

ÜBERHÄLTER

große alte Bäume, die in einem Bestand die anderen mit ihrer Krone überragen und überschirmen

ULMENSTERBEN

Die Schlauchpilzart Ophiostoma novo-ulmi verstopft die Gefäße der Ulmen, was zum Absterben des Baumes führt. Verbreitet wird der Pilz über den Ulmensplintkäfer, der zu den Borkenkäfern gehört. Die aus Asien stammende Krankheit ist mittlerweile europaweit verbreitet. Besonders betroffen sind Berg- und Feldulmen.

UNTERWUCHS

Bäume oder Sträucher, die als eigene, niedrigere Schicht unter den Kronen der Bäume wachsen

URWALD

ein niemals vom Menschen veränderter Wald, in dem alle ökologischen Prozesse völlig ungestört ablaufen können

VERGESELLSCHAFTET

Mehrere Pflanzen wachsen zusammen auf einer Fläche.

WALDWEIDE

siehe Hutewald

WINDWURF

Flächen im Wald, auf denen starke Windböen die Bäume zu Boden gebracht, das heißt entwurzelt oder abgebrochen haben

WÜCHSIGER BODEN

nährstoffreicher, gut mit Wasser versorgter Boden, auf dem Pflanzen besonders gut und schnell gedeihen

136

Björn Nehrhoff von Holderberg – der Autor

Björn Nehrhoff von Holderberg, geboren 1972 in Norddeutschland, ist mit dem Paddel in der Hand am Wasser der Plöner Seen aufgewachsen und schon als kleines Kind am liebsten durch den hiesigen Wald gestrolcht, hat Bäume erklettert, Dämme gebaut und Tiere beobachtet. Seine Leidenschaft für die Natur setzte er mit einem Studium der Forstwissenschaft in München konsequent fort. Eine gewachsene Begeisterung fürs Reisen führte ihn nach kürzeren Umwegen anschließend dazu, dass er sich als Reisejournalist und -fotograf im Bereich Outdoor und Adventure einen Namen machte. Mittlerweile hat er Hunderte Artikel in Magazinen wie *Trekking Magazin, Outdoor Magazin, Kanu Magazin, E-Bike Magazin, Kajak Magazin, Bike and Travel Magazin, Wandern & Reisen, Reisewelt Alpen, SUP Bord Magazin, Nordis* und diversen englisch- und französischsprachigen Magazinen veröffentlicht.

Neben der Adventure-Fotografie sind seine Landschaftsbilder in vielen Naturfotowettbewerben prämiert worden und unter anderem bei *National Geographic* und *Geo* erschienen. Sein elftes Buch, das Sie nun in der Hand halten, der *Wild Guide Deutsche Wälder* liegt ihm besonders am Herzen, da es schon immer ein Traumprojekt war, die unzähligen Wälder unseres Landes so intensiv kennenzulernen und die erlebten, magischen Lichtstimmungen auf den Chip der Kamera gebannt mit zurückzubringen, immer mit dem Ziel, die Schönheit der heimischen Wälder einzufangen und etwas von seiner Begeisterung für diesen einzigartigen Lebensraum weiterzugeben. Seine Art der Fotografie kann auch in Fotoworkshops erlernt werden. Mehr zum Autor auf seiner Webseite: www.adventure-photographer.de

Wildguide Deutsche Wälder
Entdecke die 162 magischsten Wälder
von der Küste bis zu den Alpen

Haffmans Tolkemitt
1. Auflage Mai 2022
ISBN 978 3 942048 95 8

Text und Fotos
Björn Nerhoff von Holderberg,
www.adventure-photographer.de

Redaktion
Katharina Theml, Büro Z, Wiesbaden

Korrektorat
Redaktionsbüro Diana Napolitano, Augsburg

Design und Satz
Linn Kleeberg, www.strokeandmarvel.de, Berlin

Druck & Bindung
Eberl & Koesel, Altusried-Krugzell

Printed in Germany

www.haffmans-tolkemitt.de
www.wildund.cool

Gesundheit, Sicherheit, Haftung: Der Autor hat so akkurat wie möglich recherchiert, um die im Buch gegebenen Informationen so genau wie möglich wiederzugeben. Dennoch kann er keine Haftung für deren beständige Richtigkeit übernehmen. Die Leser*innen sind für ihre Handlungen komplett selbst verantwortlich. Darüber hinaus muss sich jeder bewusst sein, dass im Wald und in den Bergen Extremwetter vorkommen können die Gegebenheiten vor Ort verändern können, wie zum Beispiel Erdrutsche und großflächige Windwürfe. Auch die Grenzen von Naturschutzgebieten können sich ändern oder neue Regeln geschaffen worden sein, sodass die Leser*innen vor Ort selbst prüfen müssen, wie es aktuell aussieht. Etwaige Änderungen oder Fehler, die Sie beim Lesen bemerken, können Sie gern in Form einer E-Mail an den Verlag zur Aktualisierung und Verbesserung der nächsten Ausgabe kommunizieren.